QIAN HU 仟 湖

...坡仟湖鱼业集团
...HU CORPORATION LIMITED

I Jalan Lekar Singapore 698950
) 6766 7087 **F** (65) 6766 3995

ALBINO RED
AROWANA
GOLDEN SILVER

北京（中国）**Beijing Qian Hu**
T (86)10 8431 2255 **F** (86)10 8431 6832

广州（中国）**Guangzhou Qian Hu**
T (86)20 8150 5341 **F** (86)20 8141 4937

上海（中国）**Shanghai Qian Hu**
T (86)21 6221 7181 **F** (86)21 6221 7461

马来西亚 **Kim Kang Malaysia**
T (60) 7415 2007 **F** (60) 7415 2017

泰国 **Qian Hu Marketing (Thai)**
T (66) 2902 6447 **F** (66) 2902 6446

印度 **India Aquastar**
T (91) 44 2553 0161 **F** 91 44 2553 0161

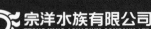

高の光
Water Plant LED Clip Light
水草夾燈

省電 / 安全 / 專用光譜
Energy Saving / Safety / Plants Spectrum

產品影片介紹

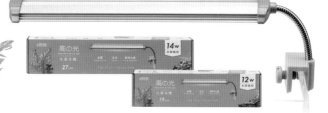

Full Spectrum Led Light
全色系水族專用燈

高演色專業水草造景燈
Professional Plants LED Light

超高演色LED，演色性高達 *Ra95* 以上

台灣製造LED，依專業植物成長
光合作用重要光譜研發

150°

AQUA SLIM
高透光水草燈

促進花青素、葉綠素形成
依植物成長光合作用重要光譜。
波長研發，有效提升光合作用能量值。

色彩飽滿柔和
採用光學擴散板，混光均勻。

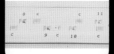

透明感
採用壓克力材質製成腳架，特殊規格設計，降低暗角形成，搭配魚缸更顯晶瑩透亮。

宗洋水族有限公司
TZONG YANG AQUARIUM COMPANY LTD.

TEL:886-6-2303818
www.tzong-yang.com.tw
E-mail:ista@tzong-yang.com.tw

vitalis
AQUATIC NUTRITION
來自英國的飼料

 # Tropical Range / 淡水魚系列

人類可食用的原料　最新冷擠壓技術　保留最高營養價值

熱帶魚顆粒飼料-XS
300g、120g、60g

熱帶魚薄片飼料
90g、30g、15g

熱帶魚黏貼飼料
110g

草食性慈鯛飼料
S 120g

肉食性慈鯛飼料
S 120g

中南美慈鯛顆粒飼料
XS 120g、60g

鼠魚／底棲魚顆粒 XS 120g、60g

七彩神仙魚顆粒飼料
S 300g、120g

觀賞蝦顆粒飼料
60g

白金海水顆粒飼料
XS 60g

綠藻顆粒飼料-XS
300g、120g、60g

綠藻薄片飼料
30g、15g

金魚顆粒飼料-S
300g、120g、60g

金魚薄片飼料
30g、15g

宗洋水族有限公司
TZONG YANG AQUARIUM COMPANY., LTD.

TEL:886-6-2303818
www.tzong-yang.com.tw
E-mail:ista@tzong-yang.com.tw

EHEIM
德国伊罕

过滤桶发明者
70年卓越品质

发烧级 玩家4⁺

一罐调节流量，降低噪音频率

鱼粮"软"革命

解锁新鲜 释放Q弹口感

南美**小软虫**

SIZE **S** 2-5 cm

灯鱼

神仙

慈鲷

 扫一扫关注,卓必客品牌店　　欧洲原装进口·创新概念软粮

太空水质净化滤材
美国太空总署选择了

喜瑞环

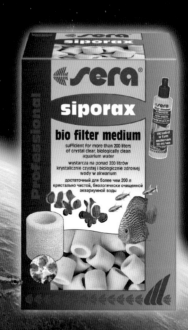

Shiruba

WWW. POWERAQUARIUM .COM

北部門市

24H 文化店 (02)2253-3366
新北市板橋區文化路二段28號

中山店 (02)2959-3939
新北市板橋區中山路一段248號

新莊店 (02)2906-7766
新北市新莊區中正路476號

中和店 (02)2243-2288
新北市中和區中正路209號

新店店 (02)8667-6677
新北市新店區中正路450號

土城店 (02)2260-6633
新北市土城區金城路二段246號

泰山店 (02)2297-7999
新北市泰山區泰林路一段38號

汐止店 (02)2643-2299
新北市汐止區南興路28號

新竹門市

經國店 (03)539-8666
新竹市香山區經國路三段8號

民權店 (03)532-2888
新竹市北區經國路一段776號

忠孝店 (03)561-7899
新竹市東區東光路177號

竹北店 (03)551-2288
新竹縣竹北市博愛街119號

中部門市

24H 文心店 (04)2329-2999
台中市南屯區文心路一段372號

南屯店 (04)2473-2266
台中市南屯區五權西路二段80號

西屯店 (04)2314-3003
台中市西屯區西屯路二段101號

北屯店 (04)2247-8866
台中市北屯區文心路四段319號

東山店 (04)2436-0001
台中市北屯區東山路一段156之31號

大里店 (04)2407-3388
台中市大里區國光路二段505號

草屯店 (049)230-2656
南投縣草屯鎮中正路874號

彰化店 (04)751-8606
彰化市中華西路398號

金馬店 (04)735-8877
彰化市金馬路二段371-2號

文昌店 (04)2236-8818
台中市北屯區文心路四段806號

南部門市

永康店 (06)302-5599
台南市永康區中華路707號

安平店 (06)297-7999
台南市安平區中華西路二段55號

華夏店 (07)341-2266
高雄市左營區華夏路1340號

民族店 (07)359-7676
高雄市三民區民族一路610號

巨蛋店 07-359-3355
高雄市左營區博愛三路170號

燈魚、小型魚
必備良品

營養補充、水質維護輕鬆搞定

MORE! 魔水

小型魚專用維他命
增強免疫機能與新陳代謝

調和多種天然水溶性與脂溶性維生素，配方依照對於小型魚類的特性做調整，安全且運用廣泛，能被鰓直接吸收。

MORE! 魔水

觀賞魚專用硝化菌
有效分解水中各種有機廢物

觀賞魚專用硝化菌，極佳的水體適應力與活性將水中的有機廢物，有效地建立微生物在水中的生態平衡

MORE! 魔水

觀賞魚專用黑水精華
增豔與提升繁殖率的功能

模擬自然界熱帶雨林流域的水質，具螯合效果可去除重金屬離子，可促進生物細胞新陳代謝，保護魚表面黏膜達到自然增豔效果。

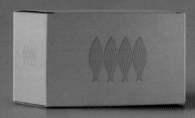

ZEBRA PLECO 調查

HTTPS://SURVEYS.MCGILL.CA/LS/256299?NEWTEST=Y&LANG=ZH-HANS

我們希望盡可能
多接觸到
ZEBRA PLECO飼養員
所以請分享此頁面

我們感興趣的是全球社區ZEBRA PLECO
（HYPANCISTRUS ZEBRA，也稱為"L 46"）

飼養員和育種者對科學研究的看法，您的回復將幫助我們：

⚓ 估計被圈養的H. ZEBRA的數量

⚓ 估計作為幼魚或成魚飼養和銷售的H. ZEBRA的數量

⚓ 了解過去15年成魚和幼魚H. ZEBRA的銷售價格變化

參與是自願的，不應超過15分鐘的時間。

您可以跳過任何您不想回答的問題，並且可以通過關閉頁面隨時離開調查

您的回覆完全是匿名的

不收集您的姓名、電子郵件地址、IP地址等身份信息

目　錄

出版／Published by
魚雜誌社 Fish Magazine Taiwan

發行人／Publisher
蔣孝明 Nathan Chiang

作者／Author
魚雜誌社編輯部

總編
曾偉杰 Wei Chieh Tseng

文字撰寫
蔣孝明、張永昌、張翊群、Tom Chung、
林青駿、林靖翰、何長紘、曾柏諭、
曾偉杰、彭朋雍

美術總編／Art Supervisor
陳冠霖 Lynn Chen

攝影／Photographer
Andre Werner、Chris Lukhaup、Günther
Schmida、Hristo Hristov、Horst Linke、Koji
Yamazzki、Pisces、蔣孝明、張永昌、張大慶、
曾偉杰、吳瑞枋、蘇三祐、唐承傑、張育嘉、
香港水族生活
the others are illustrated under the photo with credit

f 魚雜誌社 Fish Magazine TW

聯絡信箱／Mail Box
22299 深坑郵局第5-85號信箱
P.O.BOX 5-85 Shenkeng, New Taipei City
22299 Taiwan

電話／Phone Number
+886-2-26628587

傳真／Fax Number
+886-2-26625595

郵政劃撥帳號／Postal Remittance Account
19403332 林佳瑩

公司網址／URL
http://www.fish168.com

電子信箱／E-mail
fishbook168@gmail.com

出版日期　2019年2月

國家圖書館出版品預行編目（CIP）資料

養魚hen easy ／ 魚雜誌社編輯部作. --
初版. -- 新北市：魚雜誌, 2019.01
　面；　公分
ISBN 978-986-97406-0-9(精裝)

1.養魚

438.667　　　　　　　107023821

First published in Taiwan in 2019
Copyright © Fish Magazine Taiwan 2019

ONTENTS

養魚很hen easy
Home Aquarium So Easy

攝影師代碼：

Günther Schmida	=	SDA	蔣孝明 /Nathan Chiang	=	NTC
Hristo Hristov	=	HH	曾偉杰 /Pirate Tseng	=	PAT
Horst Linke	=	HLI	張永昌 /Charles Chang	=	CAC
			吳瑞枃 /Jui-Pin Wu	=	JPW

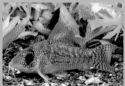

CONTROLLER 1200w

DOUBLE DISPLAY

微電腦雙顯雙迴路控溫器

www.leilih.com

雙繼電

雙感應

雙顯示

全電壓型

DDC-3

FEATURES

- Revolutionary twin relay and twin fusewell prevent over heat problem.
- Full voltage design, suitable for 100v~240v/50Hz~60Hz. Using connecter between thermo-line andcontr
- The most advanced Light Emitting Diode(display) is utilized to display setting and current temperatures.The buzzer will be alarmed when the water temperature rises beyond three degree.
- Temperature control circuit activated by Micro-Processor allows an accuracy of ±1℃, This device wil maintain any pre-selected temperature between 20℃~35℃ for fishes inaquarium.
- Single knob design,easy for operating.
- Twin LED displaying water and setting temperature easy reading and setting in day and night.
- Sensor wire clothing with cold-resistant material to prevent abrasion,maturing,chap and waterproo with double Insulation.
- Automatic alarm and disconnect heating in case of water temperature changes beyond the range o and over temperature 36℃.
- With Led indicator light, Ultra-hi h Power Output Rating110v-1200w, 220v-2000w

產品特點

- 採用雙繼電器及雙保險絲設計，避免因繼電器故障造成失控。
- 溫度感應線採用插接式，方便更換雙溫度感應器(Double Sensor), 溫度差3℃自動停止加熱及蜂鳴器警示，扌 全方位安全保護。
- 雙顯示微電腦控溫器，同時具有水溫顯示及設定溫度指示，內建蜂鳴警示器。
- 水族專用微電腦控溫器，設定溫度範圍:20°~35℃，刻度1℃，溫度精度：±1℃/2℉，可配合定溫(32℃)加溫 玻璃管加溫器(32℃)、底部加溫線各式魚缸加溫器一起使用。
- 採用進口水族專用電腦控制晶片，穩定性極高，不會對其他物品或生物產生電磁場干擾。LED雙8數位溫度層 雙顯示螢幕溫度易讀，設定簡易，即使在黑夜也能同時看到顯示水溫及設定溫度，溫度感應線採用特殊耐寒材 覆不老化、不龜裂、不滲水、雙重被覆、雙重防水保護。
- 微電腦晶片，具溫度感應器(Double Sensor)斷路，短路保護，水溫離設定溫度±3℃或36℃過溫、自 電及警報，提供全方位安全保護。
- 具LED紅色加溫指示燈，超高輸出功率1200W。

天然水族器材有限公司
Tian Ran Aquarium Equipment Co., Ltd.
http://www.leilih.com

Tel: 886-6-3661318
Fax: 886-6-2667189
Email: lei.lih@msa.hinet.net

中國(大陸)聯絡處
楊忠安: +86-13826162135
QQ: 2370054656
e-mail: topaqua@163.com

養魚很hen easy

Home Aquarium So Easy

JUST VIEW
魚雜誌
Fish Magazine Taiwan

序

　　常常聽到周遭親朋好友或者網友在說"魚很難養一直死掉讓人覺得挫折"所以不再繼續飼養，相信剛入門時每位飼主都很有興趣，但開始飼養後開始碰到許多問題無法突破導致熱情很快就冷卻，追根究底問題不外乎"養魚就是養水"這觀念是否已經建立，說來很容易但其實每種觀賞魚飼養上都有其訣竅。也許有人會說網路上資料一堆有何困難？但各位仔細想想，每個人飼養的環境變數都不同，當入門者看到各種各樣的文章時又如何能判斷是否正確？

　　所以本書集合許多人飼養的心得分享於此書，目的就是希望藉由對的方法讓『生命得到尊重』也是我們最想要傳達給大家的精神所在。魚雜誌社一路以來出版了各種觀賞魚的專業書籍至今，這次我們回到初心推出一本真的能帶給入門者正確的觀念為出發點的書。

　　當小型觀賞魚來到您的封閉魚缸裡，飼主提供良好的生活條件責無旁貸，花些時間做功課、購買設備來創造良好環境，不僅飼主能看到牠們活潑的一面更可讓家庭有共同的話題，相信對於這些小型觀賞魚也是最好的對待。

　　在此感謝協助過本書的朋友們，因為有大家的協助才能讓此書順利付梓。

魚雜誌社 社長 蔣孝明

如何挑選小型觀賞魚

1. 挑選

　　選擇自己想要飼養的物種並建立好適合的環境『參考輕鬆設置適合小型觀賞魚的環境一文』，就可以到水族館挑選自己喜歡的小型觀賞魚了。在此分享幾個重點，協助讀者們挑選健康又活潑的觀賞魚：

I. **體態：**不健康的魚隻在魚缸裡面會表現的病懨懨沒有活力，健康的魚的會是很活潑且游動速度很快。只要這種表現的個體請勿購買。

II. **魚鰭：**如果魚鰭有破損時就要留意一下，很可能是運輸或環境造成個體打鬥咬破或者寄生蟲甚至病菌侵害。若魚鰭受損有傷口只要環境不好很可能就會造成感染發炎等問題。當然在水族館購買時難免會發生此狀況，所以購入後請不要貿然的放入目前穩定的魚缸中，務必參照本文檢疫篇處理後才可入主缸。

III. **體表：**觀察體表光澤，無光澤的魚通常是不健康的。紅斑或是其他異常附著物則代表細菌感染或體外寄生蟲，應避免購入。飼養者購買時需注意檢疫問題，以免殃及其他魚隻。

IV. **體型：**建議觀察魚隻體型，正常魚體應呈飽滿均勻的流線形態，如果發現頭大身小或腹部凹陷，顯示魚隻可能長期營養不良或體內寄生蟲所致；若腹部特別腫大也要留意是否有腹水（體內發炎）也應避免購入。

2. 檢疫

　　常設一個檢疫缸是確保魚隻健康的必備項目。目前水族館可見到的小型觀賞魚有可能是從產地進口或者人工繁殖。進口魚因為長途運輸造成緊迫現象之外，身上也常攜帶各種病菌。此外水族館若沒有札實的做好消毒檢疫水中會帶有許多病菌，因此飼養者必須透過檢疫，降低新進魚隻對原本已經穩定的魚缸造成不可收拾的傷害：

1. 減少新進魚隻緊迫，提供一個緩衝的環境，讓魚隻漸次適應新環境的水質，將緊迫現象降至最低，以避免日後生病死亡的問題。

2. 預防外來病菌進入主缸，外來病菌可能嚴重危害原主缸魚隻，必須經過此檢疫過程，確保新進魚隻不會將病菌攜入主缸，造成嚴重傷亡。

3. 觀察魚隻體況，提早發現及時治療，一般來說，小型觀賞魚容易遭受細菌性或者常見體內蟲（六鞭毛蟲）及體外蟲（白點蟲、三代蟲等等）攻擊，必須經過檢疫流程驅除體外蟲及體內蟲與降低細菌大量繁殖的危害，以免擴及其他魚隻。

3. 餵食

一般小型觀賞魚對飼料通常來者不拒，飼料建議均衡分配，除了給予高蛋白的飼料外，偶爾給予含藻飼料也有助於小型觀賞魚魚顯色。而無節幼蟲（豐年蝦苗）或冷凍紅蟲則是較常見的活餌型飼料可以說絕大部分的小型觀賞魚都喜愛，但問題在於讀者所選擇的品種其消化系統是否能承受以及生餌本身所帶的風險。建議剛入門的飼養者還是以飼料為主，目前多家廠商已經針對各物種喜好去調配專用飼料皆可挑選。

4. 日常管理

日常管理是養好小型觀賞魚最重要的關鍵，呼應前述的要怎麼收穫先怎麼栽，在設缸完成後不妨為自己安排一個管理魚缸的行程表，例如每天幾點餵食、每個禮拜換多少水、多久洗一次濾材等，依情況調整，週而復始，有規律不偷懶地去做，就可以避免魚隻生病死亡等風險。對魚隻多一些付出，相信飼主會看到牠們美麗的姿態

此外，常備細菌藥、體外藥及體內藥也可即時治療魚隻的病徵。

5. 結論

當小型觀賞魚來到您的封閉魚缸裡，飼主提供良好的生活條件責無旁貸，花些時間做功課、購買設備來創造良好環境，不僅飼主能看到牠們活潑的一面更可讓家庭有共同的話題，這樣也對這些小型觀賞魚是最好的對待。本書集合許多人飼養的心得分享於此書，目的就是希望藉由對的方法讓『生命得到尊重』也是我們最想要與大家分享的精神。

魚缸日常照顧

新魚缸剛開始設立好一切看來都很美好，也許一個星期後問題就開始慢慢浮現出來，其中問題五花八門對於剛入門的飼養者將是一個很重要的關卡，以下我們就用碰到的現象反推回問題，相信這樣能讓所有讀者更容易了解。

本書一開始就提到"養魚就是養水"這句話就是把魚養好的關鍵：

Q1：魚缸的水看起來霧霧的甚至還會有味道？

A1：魚的排泄物或餵食過多的殘餌產生的"氨"不斷的釋放到封閉的魚缸裡，不像溪流 24 小時不斷的在流動替換。所以我們必須建立好魚缸的過濾系統，利用物理與生物的方式將有害的物質透過消化過程與硝化過程將魚的排泄物分解成對生物毒性較低的物質。

以下是基本的硝化作用

氨（阿摩尼亞）毒性很強 => 轉換成**亞硝酸鹽**（毒性強）=> **硝酸鹽**（毒性低）請記得！一個過濾系統完備的魚缸，其水質透明乾淨且沒有奇怪的味道。

Q2：為何要換水？坊間很多都說不用換水只要加水即可？

A2：雖然良好的過濾系統能將氨這種毒物轉化成毒性低的硝酸鹽，可當作種植水草的肥料外，在一般人的魚缸沒有足夠的環境將硝酸鹽分解成為氮消散到空氣中。若硝酸鹽分解不掉持續累積，輕則藻類橫行，重則影響缸內生物成長。試想若僅是加水代表水分蒸發但是物質還是留在缸裡，唯有把水抽掉部分換乾淨的水才能將硝酸鹽濃度降低。相信這樣解釋後讀者應該能了解換水的重要性了。

Q3：可以用自來水還是 RO 水幫魚缸換水嗎？

A3：自來水廠為了降低水中細菌等物質，成本考量大多使用氯化物（Clorine）作為殺菌工具。但氯化物是屬於有毒的化合物，尤其對的魚類脆弱的鰓部細胞有著嚴重影響。自來水並非不可用只是要將氯去除即可。要去除氯化物並不是件困難的事情。一般有幾種選擇可參考

1. 市售的水質穩定劑

2. 讓水不斷的在空氣中曝氣，氯氣會在曝氣 24 小時之後對你的水族箱來說
就會是安全可靠的。準備一個儲水設備容器加上空氣馬達，利用不斷的攪
動來除去水中的氯氣。單純靜置是無法有效的除去水中的氯。

3. 經過活性碳（俗稱三胞胎）

RO 水太過乾淨將水中的礦物質等等全部過濾掉，對魚不見得是好事

Q4：過濾器如何清洗？濾材要不要整個清洗或更換？

A4：過濾器很多種但基本上不外乎前半段的物理過濾與後半段的生物過濾，魚缸
水吸入過濾器後大型排泄物會先停留在白棉等待消化細菌分解，其他有害物
質就是透過硝化系統進行分解。白棉使用一段時間就加以替換，提供硝化菌
株居住的生化棉（黑色）、陶瓷環及石英球等等…基本上除非是整個很髒稍
微用水沖洗即可不需要常常清洗，不然整個硝化系統又要重新培養風險增高。

Q5：過濾器越強越好嗎？

A5：字面上看來當然是沒錯，但事實上也要搭配飼主的魚缸大小，小魚缸配強過
濾器導致出水強勁魚缸內水流就像洗衣機！

Q6：燈具要開多久？

A6：沒有一定答案但建議最好有規律的開關時間，建議用定時器控制燈光是最簡
單的方式。開燈時間太長加上硝酸鹽過多，很容易讓藻類大量爆發。

Q7：每次餵食感覺魚都吃不飽或者底下的魚種都吃不到，如何餵食比較好？

A7：少量多餐，每次 5~10 分鐘能吃乾淨最好。可降低殘餌發生也能讓過濾系統
能夠充分處理這些容易影響水質的因素。此外參照各單元提供的資訊選擇適
合的飼料，以避免飼主錯誤判斷一直餵食導致水質敗壞。

Q8：為何夏天魚很容易死亡？

A8：溫度高容易變成細菌繁殖的溫床且水質容易敗壞，魚隻體表或體內都容易遭
受攻擊產生疾病。此外水溫高水中含氧量就會降低，也會影響魚隻健康。

Q9：冬天魚都沉底沒活力？

A9：本書所提到的物種都是所謂的 "熱帶魚" 喜歡生活在 22~28℃，所以當溫度低
於 20℃時，活動力與食慾明顯降低導致抵抗力下降甚至有機會引起魚隻死亡。

輕鬆設置適合小型觀賞魚的環境

　　新手如何打造一個適合小型觀賞魚的環境？其實很容易先記住一句話『養魚就是養水』只要能落實正確的方法是往後能夠輕鬆享受飼養樂趣的重要關鍵。所以藉由這篇文章，一步一步照著設缸的順序，帶領大家完成一個賞心悅目且容易管理的小型觀賞魚魚缸。

第一步　魚缸

　　魚缸的缸底面積和水容量越大，相對可提供更穩定的環境，有助於小型觀賞魚活體維持良好的狀態。當然飼養者需衡量個人空間條件選擇大小合適的魚缸並搭配合適的過濾系統，基本上已經踏出成功的第一步。

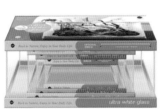

第二步　過濾器

　　這是設缸過程中最重要的部分，過濾系統就像人體的五臟一樣，維持著整缸水體平衡，所以馬虎不得。過濾系統主要有兩部分功能：一是物理性過濾，以過濾棉或底砂阻隔分離水中的懸浮物及雜質。一為生物性過濾，利用培菌球或生物環的空隙來供養硝化菌和厭氧脫氮細菌，經由硝化作用將水中含氮廢棄物分解，維持良好水質。當然選擇前請先參考本書對於該物種的建議，畢竟不能只用一種方式想要符合全部的物種也許會適得其反。例如提供含氧量對大部分的物種是好的，但一樣的環境對鬥魚就不適合。

　　而過濾器的選擇則以上部過濾最為物美價廉、圓筒過濾美觀但成本較高、外掛過濾最容易入手但過濾效果很有限等等…當然還是依個人需求或喜好而定。

海棉生化過濾器

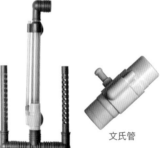

帶濾室的海棉生化過濾器

文氏管

過濾底板

上部過濾器

上部滴流過濾器

外掛過濾器

外掛過濾器替換濾材

小型缸外桶過濾器

圓桶過濾器

各式濾材

各式濾材

降解淨水陶瓷

降解淨水陶瓷

第三步　底砂

　　小型觀賞魚原生地水質不盡相同，故挑選時可選擇不會影響水質硬度和酸鹼值的美國矽砂，或者弱酸環境的黑土，弱鹼環境的珊瑚砂。此外，若是飼養底棲型物種例如鼠魚也要考慮喜歡鑽砂的特性去挑選。

第四步　溫控設備

　　一般而言，小型觀賞魚喜歡的溫度大約在22~28℃間，飼養者可視實際天候變化，適時使用加溫棒加熱，或是開啟風扇或冷水機降溫。

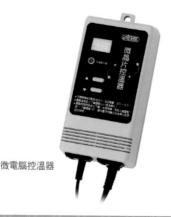

微電腦控溫器

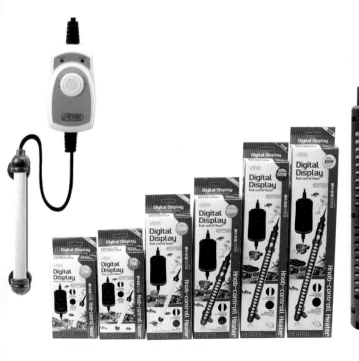

第五步　佈置

　　常見的沉木、造景石、水草都很適宜擺設在小型觀賞魚缸中，但有個重點一定要注意，所有擺飾物主要目的是打造一個安穩的空間供小型觀賞魚休憩或躲藏，應避免擺設過度密集或留有死角，反而容易沈積殘餌造成水質汙染。

第六步　養水

　　養魚就是養水這句話包含了許多知識在裡面，魚隻在封閉環境下所排泄的廢物必須要靠複雜的消化與硝化系統處理，這些包含了很多菌種在每個過程中將排泄物不斷的分解，才能將有毒物質轉化成對魚無害的物質，所以良好的過濾系統與定時換水就非常重要。此外剛入門的飼主最常碰到的誤區就是魚缸才剛設好就迫不急待的買魚放入去，其實這動作就是導致魚隻開始死亡的警鐘。切記！環境的建立不是一蹴可及，有良心的水族館會提醒你不要馬上買魚，但你無法期待是否一定會碰到，只好自己掌握原則才能讓你養魚第一步走得順利。

　　相信只要能把握上述幾點並參考各單元對於該物種的提示，讓更多入門者輕鬆建立一個適合小型觀賞魚的魚缸環境，進而領略養魚的樂趣。

養魚很 hen easy
Home Aquarium So Easy

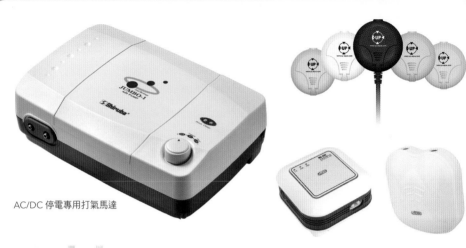

AC/DC 停電專用打氣馬達

超迷你強力打氣馬達

各式照明燈具

multifunction small
CHANDELIER
Fashion design that provides a elegant style.
Adopt high luminance LED lamp.
Height, left and right, can be adjusted.
Energy saving, long life.
Environmentally friendly.

PRO-LED-MF-1C

www.up-aqua.com
USB connector

multifunction
CLIPLIGHTMINI
Fashion design that provides a elegant style.
Adopt high luminance LED lamp.
To be applicable in mini tank, ball tank
& other nano tank...etc.
Energy saving, long life.
Environmentally friendly.

PRO-LED-MF-MI

www.up-aqua.com
multifunction clip light
SMALLBALL

Fashion design that provides a elegant style.
Adopt high luminance LED lamp.
To be applicable in mini tank, ball tank &
other nano tank...etc.
Energy saving, long life, environmentally friendly.

PRO-LED-MF-R

USB connector

mini 迷你夾燈
LEDLIGHT 橢圓造型 Oval type
Special designed for nano tank

PRO-LED-MO-N-BE PRO-LED-MO-N-G PRO-LED-MO-N-P PRO-LED-MO-N-B PRO-LED-MO-N-W

mini 迷你夾燈
LEDLIGHT 波浪造型 Wave type
Special designed for nano tank

PRO-LED-MW-N-G PRO-LED-MW-N-BE PRO-LED-MW-N-P PRO-LED-MW-N-B PRO-LED-MW-N-W

各式照明燈具

高の光
水草專用燈
14w
27cm

全色系
水族專用燈
Full Spectrum
Led Light
30cm

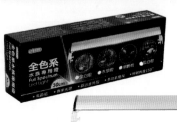

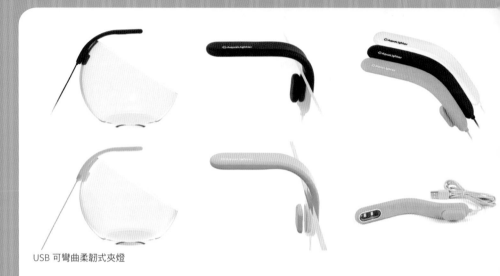

USB 可彎曲柔韌式夾燈

魚缸基本配備

魚　缸	以適合自己想初養的尺寸為宜，建議 30~60cm 的小型缸
過濾板 （底部過濾）	置於魚缸內最下層，須留空氣管出口以利底部過濾（空氣管高度以在水平下 2cm 為佳）
底砂（床）	鋪滿過濾板，厚度約 5~10cm（淡水以宜蘭石和彩色石為佳，海水以大磯沙和珊瑚砂為佳）
裝　水	以 9 分滿為限
打氣馬達	置於魚缸頂部為佳，作用為增加水中的溶氧量供魚類生存
燈　具	用於觀賞和有助水中植物的生長。新缸完成三天內不熄燈有助水中生態微生菌的生長
上部過濾器	魚糞、剩餘飼料、水中雜質等清潔過濾
保溫器	溫度下降有助於平衡水溫
溫度計	標示溫度，熱帶魚社適合溫度大致上為 25~30℃，特殊魚種不在此限
乾電池馬達	特殊情況時輔助打氣馬達使用（例如：停電）
玻璃蓋	防止魚隻跳出和雜物掉入缸內
水質穩定劑	去除自來水中的氯、氨、重金屬，換水後添加的必需品
基本藥品	魚隻生病之基本治療藥品
手撈網	撈取雜物和魚隻用

孔雀
Guppy

淺談孔雀魚

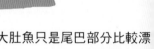

　　一般我們提到孔雀魚，不了解的人大多以為牠就是大肚魚只是尾巴部分比較漂亮。其實關於牠的資訊在許多的相關書籍上都有頗多的記載，藉由本書將重點整理出來提供讀者分辨及導正長期以來的觀念與印象。

孔雀魚的基本簡介

學名：

Poecilia reticulata

特點：

1. 淡水魚、但屬廣鹽性魚類，耐鹽性強
2. 公魚臀鰭特化成交接器，行體內受精
3. 繁殖為卵胎生
4. 野生孔雀和大肚魚有何不同？

　　台灣人俗稱的"大肚魚"，應是指日據時代日本衛生單位為了杜絕台灣的蚊蠅孳生、傳染病肆虐，而引進的食蚊魚屬（Gambusia）（英名 Mosquitofish），並無豔麗的外表，只有身強體健的生存在台灣的大小河川池塘裏，辛苦地捕食子孑（蚊子的幼蟲）默默地來悍衛台灣。而台灣所稱的"孔雀魚"，一般均指為有著大尾巴，色彩豔麗又好養的人工改良品系的卵胎生鱂魚科，因其漂亮的三角尾，如同公孔雀開屏般漂亮，所以將這類的魚稱為孔雀魚。

　　食蚊魚原產於美國中部而孔雀魚則原分布在中南美洲，這兩種均為卵胎生魚科的魚類（同科不同屬），但都同樣具有易養、好生，且喜吃子孑。一般印象中，孔雀魚公魚身體瘦長，全身顏色豔麗，尤如身穿大禮服般的碩大尾鰭。母魚則肚子凸出，顏色淡薄甚至沒任何顏色，有點類似大肚魚。也因為孔雀魚的嘴開口朝上的緣故，所以牠們比較適合攝食水面或水域上層的食餌，但其實牠也能自由攝食底部的沉餌或藻類。

特別感謝 李福隆、張世宏、莊蜛昊、廖志軒 提供魚隻協助拍攝

孔雀魚的分類

以品系分類可分為：

　　禮服類、古老品系、金屬類、蛇紋類、草尾類、白金類、單色類、白金類與馬賽克類

以尾鰭分類可分為：

　　扇尾型（最常見）、三角尾型、圓尾型、雙劍型、單劍型（又分成頂劍與底劍兩型）、矛尾型、琴尾型、緞帶型與燕尾型

　　讀者若有興趣深入研究可參考魚雜誌社 2019 出版 "世界孔雀魚寶典" 一書。

飼養要點

- **溫度：** 容許溫度 20~30 度，最適合在 25~26 度

- **PH 值：** 最適合 PH 值 6.8-7.5 養殖，弱酸 <PH7.0、中性（PH7.0）到弱鹼 >PH7.0，若在弱酸水質飼養繁殖，其生出母魚的比例較高，若在弱鹼水質飼養，其生出公魚的比例較高，所以若要繁殖出公母各半的數量，一般經驗值推薦使用大磯石。

- **過濾系統：** 水妖精、圓筒、上部及外掛

- **魚缸環境：** 建議飼主用水量 12~18 公升以上的魚缸飼養。

- **底沙：** 裸缸、美矽砂（中性）或鋪設大磯砂、珊瑚砂（弱鹼）皆可

- **飼料：** 雜食性性以浮水性飼料為主、餵食活或冷凍豐年蝦最佳

- **備註：** 孔雀魚的繁殖對新手來說是一件很有趣的事情，一般飼養 1~2 對就能配出子代，每胎懷孕週期：15 天至四個月，平均 23 天。因為孔雀魚本身會有吞食幼魚的情況，建議飼主增加缸內的遮蔽物亦或將母魚放置於隔離盒待產，降低剛出生的小魚被成魚吞食的狀況。

新加坡龍孔雀
Poecilia reticulata var. "SingaDragon"

委瑞內拉孔雀
Poecilia reticlata

黃金眼鏡蛇孔雀
Poecilia reticulata var. "GolodenCobra"

天空藍緞帶孔雀
Poecilia reticulata var. "Blue Neon-Ribbon"

紅蛇皮孔雀
Poecilia reticulata var. "Red Snakeskin"

全金孔雀
Poecilia reticulata var. "FullGold"

紅霓虹劍尾孔雀
Poecilia reticulata var./*Red Lyretail Guppy*

金太陽霓虹孔雀
Poecilia reticulata var. "Emerald Sun Mozaic"

眼鏡蛇王孔雀
Poecilia reticulata var. "King Cobra"

紅綠草尾孔雀
Poecilia reticulata var. "Green Multiyspot"

海洋藍馬賽克孔雀
Poecilia reticulata var. "AquaMarine-blue mozaic"

雙劍尾孔雀
Poecilia reticulata var.

鳳梨尾孔雀
Poecilia reticulata var. "Pineapple Tail"

馬賽克孔雀
Poecilia reticulata var.

丹頂孔雀
Poecilia reticulata var. "Red Cap"

真紅眼白子紅尾禮服
Poecilia reticulata var.

古老品系紅馬賽克孔雀
Poecilia reticulata var.

莫斯科藍孔雀
Poecilia reticulata var.

紅蕾絲蛇王孔雀
Poecilia reticulata var.

藍尾禮服孔雀
Poecilia reticulata var.

藍禮白子燕尾孔雀（母）
Poecilia reticulata var.

迷你丹頂紅禮孔雀（公）
Poecilia reticulata var.

藍禮白子大C孔雀-超白體（母）
Poecilia reticulata var.

藍禮白子孔雀
Poecilia reticulata var.

古老品系藍馬賽克孔雀
Poecilia reticulata var.

藍尾禮服緞帶孔雀
Poecilia reticulata var.

莫斯科藍孔雀
Poecilia reticulata var.

藍蕾絲孔雀
Poecilia reticulata var.

維也納雙劍孔雀
Poecilia reticulata var.

黃化白金日本藍紅雙劍孔雀
Poecilia reticulata var.

蕾絲雙劍孔雀
Poecilia reticulata var.

黃化維也納底劍孔雀
Poecilia reticulata var.

蛇紋紅尾冠尾孔雀
Poecilia reticulata var.

蛇紋冠尾白子孔雀
Poecilia reticulata var.

拉朱利紅雙劍孔雀
Poecilia reticulata var.

銀河小圓尾孔雀
Poecilia reticulata var.

大背全紅白子孔雀
Poecilia reticulata var.

古老品系紅馬賽克孔雀
Poecilia reticulata var.

真紅眼白子古老品系紅馬賽克
Poecilia reticulata var.

酒紅眼白子紅孔雀
Poecilia reticulata var.

莫斯科藍
Poecilia reticulata var.

新蛇王
Poecilia reticulata var.

真紅眼白子古老品系紅尾
Poecilia reticulata var.

古老品系紅尾
Poecilia reticulata var.

全金屬紅馬賽克緞帶
Poecilia reticulata var.

亮藍尾孔雀
Poecilia reticulata var.

聖塔瑪麗亞蛇王紅馬賽克
Poecilia reticulata var.

酒紅眼白子紅草尾
Poecilia reticulata var.

莫斯科藍紅馬賽克
Poecilia reticulata var.

紅尾禮服
Poecilia reticulata var.

燈魚Tetras

淺談燈魚

　　常在水族館聽到燈魚腦海中浮出都是顏色鮮豔的小型魚種，其實"燈魚"一詞是被水族業者創造出來泛指許多不同物種包含脂鯉科或稱加拉辛科（Characidae）、鯉科（Cyprinidae）佔絕大多數與花鱂科（Poeciliidae）一部分物種。飼養環境若能控制在弱酸至中性且混養時只要注意體型不要差異過大多數皆能和平相處。

　　新手剛開始看到每種漂亮的燈魚都會想買來養，但是沒多就魚隻就會出現狀況。最常見的原因就是因為尚不了解各品種的習性，導致適應不良或缸中弱勢遭到攻擊產生個體死亡進而影響水質。小型魚因為天生體型上較為弱勢故喜歡群體生活，購入前先仔細挑選喜歡的魚種購入一群，除了可降低魚隻因為新環境的緊迫，在視覺上也能有整體的感覺。

脂鯉科（Characidae）的基本簡介

特點：

1. 水族館販售的大多是原產地在南美品種與一些非洲剛果類品種
2. 絕大多數品種在背鰭與尾鰭中間會有小小的脂鰭
3. 多數喜歡生活在弱酸的環境下
4. 口中有牙齒

鯉科（Cyprinidae）的基本簡介

特點：

1. 水族館販售的大多是原產地在東南亞與部分非洲品種
2. 多數喜歡生活在弱酸至中性的環境下
3. 有些品種吻部有鬚

花鱂科（Poeciliidae）的基本簡介

特點：

1. 本單元介紹的是較常被俗稱為燈科的品種，同屬花鱂科的孔雀魚有獨立單元介紹。

2. 比較喜歡在上層水域活動

3. 若單獨飼養有機會可以嘗試繁殖

讀者若有興趣深入研究可參考魚雜誌社"燈魚圖典"一書。

燈魚的飼養要點

- **溫度：** 最適合在 22~28℃

- **PH 值：** 弱酸到中性

- **過濾系統：** 水妖精、圓筒、上部及外掛

- **魚缸環境：** 建議飼主用水量一呎以上的魚缸飼養。

- **底沙：** 鋪設黑土或美矽砂皆可

- **飼料：** 雜食性可以燈科專用飼料為主

- **適合混養的魚種：** 鼠魚、短鯛、原鬥、彩虹魚及異形

紅露比燈
Axelrodia riesei

NT

紅翼夢幻小丑鯽
Barbus (Enteromius) candens

NT

夢幻小丑燈
Barbus hulstaerti

NTC

小丑燈
Boraras maculatus

NTC

玫瑰小丑燈
Boraras merah

綠線燈
Boraras urophthalmoides

PAT

高夠力斑馬
Brachydanio sp. "Hikari"

JPW

電光斑馬
Brachydaanio albolineatus

大帆斑馬（人工改良種）
Brachydanio rerio var.

NTC

陰陽燕子
Carnegiella strigata

JPW

虹帶斑馬
Celestichthys chorpai

PAT

藍帶斑馬
Danio erythromicron

CAC

火翅金鑽
Danio margaritatus

NT

豹紋斑馬
Danio rerio var.

PA

螢光綠斑馬（人工改良種）
Danio rerio var.

PAT

五間鯽
Desmopuntius pentazona

PAT

安哥拉鯽
Enteromius fasciolatus

黑裙
Gymnocorymbus ternetzi

紅頭剪刀
Hemigrammus bleheri JPW

白金紅鼻剪刀
Hemigrammus bleheri var. Platinum NTC

彩虹剛果燈
Hemigrammopetersius cf. *nigropterus*
CAC

紅燈管
Hemigrammus erythrozonus
NTC

頭尾燈　　　　　　　　　　　　　　　　　　JPW
Hemigrammus ocellifer

巴西黃金燈　　　　　　　　　　　　　　　　NTC
Hemigrammus sp.

噴火燈（橘帆夢幻旗）
Hyphessobrycon amandae

藍帝燈
Hyphessobrycon cyanotaenia

白翅玫瑰旗
Hyphessobrycon cf. *ornatus* "White fin"

火燄燈
Hyphessobrycon flammeus

養魚很hen easy
Home Aquarium So Easy

🔍 黑日光燈
Hyphessobrycon herbertaxelrodi

JPV

🔍 黑旗
Hyphessobrycon megalopterus

NT

帝王黑燈
Hyphessobrycon nigricinctus

CAC

玫瑰旗
Hyphessobrycon rosaceus

NTC

養魚很hen easy
Home Aquarium So Easy

紅色裘諾亞瑟燈
Hyphessobrycon robustulus "junior red"

NT

紅尾金旗
Hyphessobrycon roseus

PA

紅衣夢幻旗
Hyphessobrycon sweglesi

NTC

甜心檸檬燈
Hyphessobrycon sp.

蘇三佑

藍鑽紅梅燈
Hyphessobrycon wadai

檸檬燈
Hyphessobrycon pulchripinnis

藍國王燈
Inpaichthys kerri

CAC

鑽石燈
Moenkhausia pittieri

PAT

紅目
Moenkhausia sanctaefilomenae

NT

紅肚鉛筆
Nannostomus beckfordi

CA

紅金短筆燈
Neolebias kerguennae

PAT

彩虹帝王燈
Nematobrycon lacortei

CAC

養魚很hen easy
Home Aquarium So Easy

火焰鉛筆
Nannostomus mortenthaleri

NT

帝王燈
Nematobrycon palmeri

CA

紫艷鉛筆
Nannostomus rubrocaudatus

NTC

紅蓮燈
Paracheirodon axelrodi

NTC

綠蓮燈
Paracheirodon simulans

NT

日光燈
Paracheirodon innesi

NT

三間小丑鯽
Pethia aurea

PAT

黃金二線剛果燈
Phenacogrammus aurantiacus

NTC

剛果霓虹
Phenacogrammus interruptus

七彩藍眼燈
Poropanchax luxophthalmus

藍眼燈
Poropanchax normani

PAT

魏茲曼珍珠燈
Poecilocharax weitzmani

Koji Yamazzki

紅尾玻璃
Prionobrama filigera

櫻桃燈
Puntius titteya

紅尾金線燈
Rasbora borapetensis

PAT

鑽石紅蓮燈
Sundadanio axelrodi

Koji Yamazzki

亞洲紅鼻
Sawbwa resplendens

NT

大帆白雲山
Tanichthys albonubes var. "Long fin"

NT

企鵝燈
Thayeria boehlkei

JPW

金三角燈
Trigonostigma espei

JPW

正三角燈
Trigonostigma heteromorpha
PA

一線長紅燈
Trigonopoma pauciperforatum
NT

滿魚Platy

淺談滿魚、鴛鴦、劍尾魚、茉莉

　　滿魚、茉莉、鴛鴦、劍尾魚與孔雀魚一樣同屬於花鱂科（Poeciliidae），皆行卵胎生，飼養容易，抗病力強，是能在魚缸裡輕鬆配對繁殖的種類，非常適合作為新手的入門魚種；以上魚類在觀賞魚市場流通多年，目前多為人工繁殖個體，也有許多變異及雜交品系，本書會著重在飼養上的方法與簡易的辨識。

基本簡介：

　　滿魚一詞專指劍尾魚屬下之 *Xiphophorus maculatus* 及其雜交種，取自英文名字 Moonfish 之音譯，因野生種紋路型態多變，部分型態在尾部會有類似月紋或米老鼠的圖案，在人工選育下成為固定表現型，台灣水族市場常見用名為米老鼠魚及紅球（尾部無紋路），再以成長期的差異分為小紅豆、紅米老鼠（紅球）、紅茶壺等。

　　劍尾魚屬下常見的還有劍尾魚（*Xiphophorus hellerii*）及鴛鴦（*Xiphophorus variatus*）之改良品系。

　　茉莉魚一詞則囊括了帆鰭花鱂（*Poecilia velifera*）及茉莉花鱂（*Poecilia latipinna*）兩種，其改良品系有常見的金、銀、黑球及天鵝，較為少見的品系則有萊姆黃茉莉及熊貓茉莉。

飼養要點：

- **溫度**：成魚對溫度耐受性高，春夏兩季無需特別注意，秋冬季低於15~18℃時仍能活得很好，但活動力會降低，餵食量應減少，對於病魚及仔魚，水溫維持在 25~28℃以上為佳，對於疾病的治療、恢復及生長上有正向的幫助；嚴禁溫度落差過大，容易引起白點等疾病；即便加溫棒使用頻率不高，仍應備有。

- **pH**：對於酸鹼值容忍度亦大，但應維持在中性至弱鹼之間，在弱酸水體中會顯得躁動，有跳缸之傾向，魚鰭亦會夾起，缸中放入珊瑚骨做為濾材能有效防止跌酸；切記珊瑚骨須定時更換，使用最長不超過一年。

- **過濾系統：**本科魚類大多生活在山間的緩流中，不愛過強的水流，在密度控制得宜下，一般氣動式過濾（水妖精）或外掛過濾器即可將滿魚飼養的很好；高密度飼養則可使用上部過濾器及圓桶過濾器為主搭配氣動式過濾作為輔助。室外飼養上若陽光充足及水生植物密布的環境下亦可無須額外的過濾系統。

- **魚缸環境設置：**魚缸大小最低以一呎缸起跳，8 吋缸只可作為檢疫、治療、育成缸使用，佈置應以精簡為佳，水草則可搭配常見的水蘊草，即可對水質的維護有不錯的效果，減少多餘的裝飾物擺設，避免殘餌及排泄物堆積，造成水質惡化。（註：夏天高溫時應注意水草的狀況，若開始發黃或破爛，應趕快移出防止水質惡化。）

- **底沙：**建議以裸缸飼養為佳，滿魚類排泄量大，底材容易堆積殘餌及排泄物，造成水質惡化及 pH 下降，若為視覺上之美觀，應選擇河砂或珊瑚沙等能維持鹼度之底材，鋪設越薄越好；用以種植植物的水草土，則不推薦使用。

- **飼料：**雜食性，原則上能以乾燥飼料為主，無論沉底或浮水性飼料都有不錯的接受度，可準備多種品牌交替使用；本科魚類對於植物性餌料接收度亦高，除了挑選含有植物性原料的乾燥飼料以外，也可以準備菠菜冷凍後切碎後投餵或種植水草供其攝食；動物性蛋白則可選擇赤蟲及豐年蝦，可用以滋養繁殖前後之種魚、大病初癒之病魚及過瘦魚隻開口；仔魚則可使用無節幼蟲及魚粉飼養。

- **繁殖：**想要獨立一缸繁殖的話，繁殖缸可選擇半呎 ~2 呎缸，放入經過育肥及挑選過的種魚一對，水草在繁殖上是不可或缺的一環，筆者偏好使用水蘊草等長型水草，能在魚缸的上、中、下層形成良好的遮蔽，既能減少親魚的緊迫感，剛出生的小魚也能有隱蔽處躲藏，以免被親魚吃掉；或許沒有直接看到種魚的交尾，但能依母魚的外觀及行為判斷出是否已經懷孕及接近臨盆，藉由觀察胎斑，能看見仔魚的發育情況，當能直接看見仔魚的眼睛時，母魚肚子大多已經腫脹接近至矩形，母魚的活動力也會下降，躲藏在水草中不願活動，種種跡象代表仔魚即將出生，可先將公魚移出避免打擾母魚生產及食仔；以上所敘述並非絕對，對繁殖有興趣的讀者，應多觀察種魚的狀況為佳。

- 市面上有許多繁殖花鱂科專用的隔離盒，筆者並不推薦使用，因其大多狹小，水流流通性不佳，臨盆前的母魚已十分焦躁，無疑是雪上加霜，容易使母魚發病及早產，早產對於子代的活存率有一定的影響；因此在缸中密植水草增加遮蔽，在母魚臨盆後，待其活動力恢復再行移出繁殖缸。

- **混養：**在混養的對象上應優先選擇對水質要求相同的種類，除非對水質的維護有一定的掌握，能維持在中性，不然如南美產之燈魚、異型、鼠魚，皆為不推薦混養的對象；雖說花鱂科魚類生性溫和，但對於能吞下口的東西都會嘗試，因此過小的魚類及觀賞小型蝦應該避免混養，孔雀魚公魚美麗的尾巴對於滿魚也有一定的吸引力，混養上有可能追咬，造成孔雀魚緊迫、破尾；上述魚種在混養上並非絕對不行，可藉由混養種類的數量、缸中遮蔽物多寡，來維護飼養上的平衡，但對於新手，筆者仍建議不要過於貪心把想養的種類全部塞進一缸。

- **結語：**本篇說講述之花鱂無論在日常飼養或是繁殖，都能讓飼主獲得滿滿的成就感及療育感，是十分適合新手飼養之魚種。

- **備註：**因其生命力旺盛，在全球各地皆有入侵的現象，不應隨意棄養及放生，以免危及本島魚類的生態。

金茉莉
Poecilia latipinna var.

PAT

高帆摩莉
Poecilia velifera

Pisces

金球
Poecilia latipinna var.

銀球
Poecilia latipinna var.

金天鵝
Poecilia latipinna var.

PAT

銀球
Poecilia latipinna var.

PAT

萊姆黃茉莉
Poecilia latipinna var.

PA

熊貓茉莉（雙劍型）
Poecilia latipinna var.

PA

黑球
Poecilia latipinna var.

PAT

剛出生的仔魚　　　　　NTC

熊貓茉莉
Poecilia latipinna var.

PAT

黑天鵝
Poecilia latipinna var.

金橘雙劍
Xiphophorus helleri var.

紅白劍
Xiphophorus helleri var.

Pisces

紅白劍
Xiphophorus helleri var.

Pisces

紅白劍（幼體）
Xiphophorus hellerii var.

紅白劍（幼體）
Xiphophorus hellerii var.

紅單劍
Xiphophorus hellerii var.

PAT

蘋果劍
Xiphophorus helleri var.

PAT

黃金單劍
Xiphophorus helleri var.

橘劍鴛鴦
Xiphophorus helleri var.

三色劍
Xiphophorus hellerii var.

單劍尾紅太陽
Xiphophorus maculatus var.

養魚很hen easy
Home Aquarium So Easy

🔍 紅白米老鼠
Xiphophorus maculatus var.

🔍 紅白米老鼠
Xiphophorus maculatus var.

 藍珊瑚滿
Xiphophorus maculatus var. "Blue coral"

藍珊瑚滿
Xiphophorus maculatus var.

黃金禮服滿
Xiphophorus maculatus var. "golden tuxedo"

NT

黃金太陽禮服滿
Xiphophorus maculatus var. "Sunset Tuxedo"

NT

高帆黃頭盔滿
Xiphophorus maculatus var. "High-fin yellow helmet"

PAT

大麥町滿
Xiphophorus maculatus var. "dalmatian"

NTC

藍珊瑚滿
Xiphophorus maculatus var.

黃金馬賽克滿
Xiphophorus maculatus var. "Golden mozaic"

血腥瑪麗
Xiphophorus maculatus var. "Blood"

PAT

血腥瑪莉
Xiphophorus maculatus var. "Blood"

NTC

藍禮服滿
Xiphophorus maculatus var. "tuxedo neon blue"

紅禮服滿
Xiphophorus maculatus var. "Red tuxedo"

噴火劍
Xiphophorus maculatus var.

PAT

噴火劍
Xiphophorus maculatus var.

PAT

黃金太陽
Xiphophorus maculatus var.

NT

黃金鴛鴦
Xiphophorus maculatus

NT

鴛鴦
Xiphophorus variatus var.

PAT

黃頭盔滿
Xiphophorus maculatus var. "Yellow helmet"

PAT

養魚很hen easy
Home Aquarium So Easy

黑茉麗
Poecilia sphenops var.

Pisces

綠劍
Xiphophorus helleri var.

Pisc

陰陽劍
Xiphophorus helleri var.

Pisces

黃金劍
Xiphophorus maculatus var. "Marigold"

香港水族生

三色滿
Xiphophorus maculatus var.

Pisces

大帆鴛鴦
Xiphophorus variatus var.

Pisc

迷鰓
Labyrinth fish
All photos by Horst Linke

淺談迷鰓魚

　　由於鰓部擁有非常複雜的微血管（通稱為迷鰓），而這種構造可以幫助鬥魚直接呼吸空氣中的氧氣，因此能在那些靜止不動、溶氧量稀少的水體存活。其實水族館可見到相當多的迷鰓魚品種，透過本書的介紹讓新手在飼養時能夠很快的上手。

🏷️ *Betta*（俗稱鬥魚一類）

　　一說起鬥魚，在人們的印象之中，大多是指那些尾鰭飄逸，色彩繽紛的展示型鬥魚（Show Betta）簡稱展鬥。如：紗尾鬥魚（Veiltail）、冠尾鬥魚（Crown tail）、半月（Halfmoon）鬥魚等等。全世界有不少的愛好者持續創造新的展鬥品系。其實展鬥都是由一種生長在泰國的鬥魚，也就是 *Betta splendens*，經由人工選擇、改良而成。目前市面上的展鬥並不是原來就生存在野外的品種。

　　而那些原本就生長在野外的鬥魚，則稱之為原生鬥魚（簡稱原鬥）。原鬥大多數生存在水位不會很深的水體，比方說如泥炭沼澤、流速不快的溪流等等。原鬥的分類工作相當複雜，有些原鬥的品種之間差異甚微，血緣相當靠近，有些學者認為這些近緣種只能被訂為亞種，有些則認為是個別的品種，相當具爭議性。因此，這些血緣相近的原鬥都被歸納為一個家族。近年來，被發表命名的原鬥有64種，分屬於13個家族（Group）。若有興趣深入研究可參考魚雜誌社 "2009 展示級鬥魚／野生原鬥辨識年鑑" 一書。

展鬥的飼養要點

- **溫度**：最適合在 26~28℃（可以耐熱到 30℃ 以上）
- **pH 值**：弱酸到中性
- **過濾系統**：可考慮水妖精（但因為鬥魚的特性，須盡量降低氣泡產生）
- **魚缸環境**：展鬥天性好鬥，建議新手在非繁殖期間不管公母都是單隻飼養為佳，以避免打鬥造成傷亡。並建議飼主用水量 3 公升以上的魚缸飼養。

- **底沙**：裸缸或鋪設美矽砂皆可
- **飼料**：鬥魚專用飼料為主
- **備註**：
  1. 若單隻飼養可準備小鏡子每天讓展鬥觀看數次，藉由 Display 可訓練牠們尾鰭肌肉維持體態。
  2. 魚缸水位不要太高避免跳缸風險

原鬥的飼養要點

- **溫度**：最適合在 23~28℃
- **pH 值**：弱酸到中性
- **過濾系統**：水妖精、圓筒、上部及外掛（但因為鬥魚的特性，須盡量降低氣泡產生與水流速度）
- **魚缸環境**：營造類似原生地環境，可佈置浮萍於水面上並種植水草與放置遮蔽物等讓個體可以有地方躲藏。建議用 1~2 尺以上魚缸飼養。
- **底沙**：市售黑土為佳
- **飼料**：鬥魚專用飼料為主
- **備註**：注意魚缸水位不要太高避免跳缸風險
- **適合混養的魚種**：鼠魚、燈魚及異型

▶ *Sphaerichthys*（俗稱飛船一類）

　　這些被水族館俗稱為飛船的品種在環境上要求較多，因原產地多為黑水區，當地水質乾淨且導電度與硬度低。對於新手來說稍有難度，建議對魚缸環境操作熟悉之後再嘗試飼養。

飛船的飼養要點

- **溫度**：最適合在 23~28℃
- **pH 值**：弱酸
- **過濾系統**：水妖精、圓筒、上部及外掛（建議降低水流速度）
- **魚缸環境**：營造類似原生地環境並種植水草與放置遮蔽物等讓個體可以有

地方躲藏。建議用 1~2 尺以上魚缸飼養。

- **底沙**：市售黑土為佳
- **飼料**：顆粒較小的飼料為主
- **備註**：
  1. 對水質震盪較為敏感換水時要特別注意，盡可能緩慢一點。
  2. 顏色較深的水有助於穩定魚隻，可使用泥炭土、黑水、草泥丸等等增加水色。

Trichogaster（俗稱麗麗魚一類）、*Trichopodus*（俗稱馬甲一類）、*Trichopsis*（俗稱叩叩魚一類）

水族館最常聽到的某某叩叩魚、麗麗魚或是珍珠馬甲都是屬於絲足鱸（Osphronemidae）的品種，這些原產於東南亞的品種本身就帶有相當豔麗的顏色且還有人工改良出來的不同表現。腹鰭演化成為一對細長的絲狀觸鬚，能協助探測周圍有無障礙物和辨別食物十分特別。飼養難度較低十分適合新手。一般來說麗麗魚的成魚大約 5 到 6 公分，但珍珠馬甲大約可成長到 10 公分以上，飼養時須留意魚缸大小是否適合。叩叩魚則可算是體型最小的品種。

叩叩魚、麗麗魚或是馬甲的飼養要點

- **溫度**：最適合在 23~28℃
- **pH 值**：弱酸到弱鹼（pH6~8）
- **過濾系統**：過濾系統：上部、圓筒、水妖精及外掛（水流不要過強即可）
- **魚缸環境**：生性較為害羞，故建議魚缸中可放些水草或者遮蔽物，讓牠們能有安全感。建議用一尺缸以上的魚缸飼養。
- **底沙**：裸缸或鋪設美矽砂皆可
- **飼料**：顆粒較小的飼料為主

火焰熊貓原鬥
Betta channoides

NTC

科琪娜鬥魚
Betta coccina

英貝利斯鬥魚（和平鬥魚）
Betta imbellis

凱普爾斯鬥魚
Betta krataios

Hiroyuki Sasa

紅戰狗
Betta macrostoma

露柏拉原鬥 / 紅色戰士
Betta rubra

盧提蘭斯原鬥
Betta rutilans

藍月鬥魚
Betta simplex

史瑪格汀娜鬥魚
Betta smaragdina

帕朗卡原鬥
Betta sp. "Palangka"

NTC

冠尾鬥魚
Betta splendens "Crowntail"

冠尾鬥魚
Betta splendens "Crowntail"

雪白冠尾
Betta splendens "Crowntail"

雙尾鬥魚
Betta splendens "Doubletail"

雙尾鬥魚
Betta splendens "Doubletail"

雙尾鬥魚
Betta splendens "Doubletail"

半月鬥魚
Betta splendens "Halfmoon"

NTC

半月鬥魚
Betta splendens "Halfmoon"

半月鬥魚
Betta splendens "Halfmoon"

巨人鬥魚
Betta splendens "Jumbo"

巨人鬥魚
Betta splendens "Jumbo"

巨人鬥魚
Betta splendens "Jumbo"

梳尾鬥魚
Betta splendens "Longfin"

梳尾鬥魚
Betta splendens "Longfin"

混色型的紗尾型改良鬥魚
Betta splendens "Longfin"

梳尾鬥魚
Betta splendens "Longfin"

短尾將軍鬥魚
Betta splendens "Short tail"

短尾將軍鬥魚
Betta splendens "Koi"

短尾將軍鬥魚
Betta splendens "Short tail"

NTC

短尾將軍鬥魚
Betta splendens "Koi"

NTC

養魚很hen easy
Home Aquarium So Easy

泰國原鬥
Betta splendens "Wildform"

泰國原鬥
Betta splendens "Wildform"

潘卡拉朋原鬥
Betta uberis

Koji Yamazzki

藍戰狗
Betta unimaculata

養魚很hen easy
Home Aquarium So Easy

大麗麗
Colisa labiosa

安索奇鬥魚
Microctenopoma ansorgii

台灣原生蓋斑鬥魚
Macropodus opercularis

NTC

圓尾鬥魚
Macropodus ocellatus

NTC

養魚很hen easy
Home Aquarium So Easy

藍色閃電中國蓋斑
Macropodus opercularis var. "Blue"

火焰三斑
Macropodus opercularis var. "RED"

三斑白子
Macropodus opercularis var. "albino"

NTC

戴森酒紅二線鬥魚
Parosphromenus deissneri

笨珍二線鬥魚
Parosphromenus tweediei

茅尾天堂鳥
Pseudosphromenus dayi

瑋蘭緹飛船
Sphaerichthys vaillanti

巧克力飛船
Sphaerichthys osphromenoides

電光麗麗
Trichogaster lalius

紅麗麗（人工改良種）
Trichogaster labiosa var.

藍麗麗（人工改良種）
Trichogaster lalius "Cobalt blue"

NTC

珍珠馬甲
Trichopodus leerii

三線叩叩
Trichopsis schalleri

小叩叩魚
Trichopsis pumila

Dwarf Cichlids of
South American &
West Africa

短鯛

南美與西非

淺談短鯛

慈鯛是當前水族市場中最普遍的魚種之一，牠們被認為是魚缸中可以接受訓練並與飼主產生互動的成員。其繁殖行為非常有趣，尤其是外觀通常極為顯眼，發情時甚至帶有艷麗的婚姻色，也因而受到許多魚友的青睞。慈鯛依體型可區分為兩個族群：大型慈鯛及體長不超過 12cm，適合飼育於植被豐富之中型魚缸內的所謂 "外小" 型慈鯛。

所以短鯛是慈鯛科的一員，屬於硬骨魚高綱 Osteichthys 的輻鰭魚綱（Actinopterygii）、鱸形目（Perciformes）、隆頭魚亞目（Labroidei）、慈鯛科（Cichlidae），其中包含 20 多個屬。主要棲息地位於美洲和非洲，東非大湖裡雖然也分布了許多小型的慈鯛，但因水質及環境與南美和西非水域差距頗大，所以通常並不算在短鯛之列。過去幾十年間在南美及西非均發現為數眾多的短鯛新種，其中較著名的是 2014 年發表的巨人短鯛（Apistogramma kullanderi）。

短鯛通常產於廣闊熱帶雨林地區之清澈水道及小型河流的平靜水域中，但較大的魚種有時也會從溪流的岸邊進入到一公尺深的流水裡。它們常棲息在止水或水流較不急的河岸，底部佈滿落葉和沉木，沒入水中的樹根或灌木都是最佳的躲藏場所。這些雨林地區的短鯛大部分都採洞穴式繁殖，通常在繁殖時形成雙親共同護幼的家庭，然而雌魚顯然較為積極。而部分採開式繁殖的短鯛則由父母雙親於底層產卵並共同負起照顧幼魚的責任。

適合短鯛的水族缸

所有的慈鯛都需要有足夠游泳的空間。因為慈鯛算是底棲性魚類，設置水族箱時要特別留意牠們可用的底部空間。短鯛常在魚缸下層活動，因此空間不能太小。除了少數例外的魚種，他們都不會啃食水草，因此沒有必要佈置成無植物的裸缸。水族缸高度不應太低，長度最好大於 60cm。可以在水族箱中佈置流木和不含鈣質的石片。佈置品應盡量壓到底因為短鯛常會在其下方挖洞，不小心這些洞穴若崩塌可能會壓死魚甚至傷到魚缸玻璃。

　　建議以細顆粒的材質作為底砂。短鯛會將它的孵化卵帶往缸底凹處的藏身處，粗粒的礫石會造成卵的折損，因為卵如果滑入石粒空隙中，親魚就無法將其取出。深色的底砂及背景會襯托出魚的顏色，可密植許多陰性的水草，如鐵皇冠（Microsorum pteropus）或莫絲（Vesicularia dubyana）並布置流木、石片、椰子殼及陶甕，以提供短鯛必要的隱蔽及繁殖場所。可以氣舉式海綿過濾器搭配外掛過濾器來建立良好的過濾系統及水流。適量的水流可把排泄物等帶到過濾器的進水口，而且提供足夠的溶氧。過濾器及幫浦可利用水草或流木遮住，不會妨礙觀賞。

　　若有興趣深入研究可參考魚雜誌社"南美短鯛"、"繽紛的西非短鯛及其它精致魚種"一書。

- **水質**：pH 6.0 ~7.0 的軟水

- **適溫**：25~30℃

- **飼料**：無節幼蟲等乾淨的生餌及細顆粒與薄片飼料

- **換水**：每星期更換 1/3~1/4

- **混養魚種**：小型加拉辛科及中上層活動的魚種（<=4cm）

- **照明**：每天 8~10 小時

- **繁殖**：60cm 以下小型魚缸可放入兩對或一公多母，強勢的種魚自然配對後試著把未配對的同種魚撈出。產卵後約 3 天孵化，5~7 天後小魚可自由游動及覓食。必須提供剛孵化豐年蝦或輪蟲等更小型幼魚食物。公母通常會一起帶小魚，若親魚發生打鬥，請將雄魚撈出或將小魚隔離採人工飼養。

- **適合混養的魚種**：鼠魚、燈魚、彩虹魚及異形

南美短鯛入門魚種：

- 阿卡西短鯛 *Apistogramma agassizii*

- 荷蘭鳳凰 *Mikrogeophagus ramirezi*

西非短鯛入門魚種

- 紅肚鳳凰 *Pelvicachromis pulcher*

- 西非蝴蝶鯛 *Anomalochromis thomasi*

養魚很hen easy
Home Aquarium So Easy

聖塔倫紅背阿卡西短鯛
Apistogramma agassizii "Santarem red back"

藍體超紅尾阿卡西短鯛
Apistogramma agassizii "Blue body red tail"

卡瑞羅阿卡西
Apistogramma agassizii "Careiro"

CAC

泰菲阿卡西短鯛
Apistogramma agassizii "Tefe"

Koji Yamazaki

Koji Yamaza

🔍 黃金短鯛
Apistogramma borellii

Koji Yamaza

🔍 酋長短鯛
Apistogramma bitaeniata "Rio Januari"

印加鸚鵡短鯛
Apistogramma baenschi

Koji Yamazaki

超紅尾鳳尾短鯛
Apistogramma cacatuoides "Triple Red"

HLI

養魚很hen easy
Home Aquarium So Easy

二線短鯛
Apistogramma diplotaenia

Koji Yamaza

伊莉莎白短鯛
Apistogramma elizabethae

CA

人工紅頰黑間短鯛
Apistogramma gibbiceps "Red cheek"

Koji Yamazaki

女王二型短鯛
Apistogramma hongsloi II

HLI

莉琪火焰短鯛
Apistogramma huascar

Koji Yamaza

凱薩金寶短鯛
Apistogramma mendezi

CA

巨人短鯛
Apistogramma kullanderi

CAC

巨人短鯛
Apistogramma kullanderi

CAC

養魚很hen easy
Home Aquarium So Easy

熊貓短鯛
Apistogramma nijsseni

CAO

帝王短鯛
Apistogramma noberti

CAO

虹翼寶石短鯛
Apistogramma ortegai

Koji Yamazaki

仆卡短鯛
Apistogramma pulchra

HLI

養魚很hen easy
Home Aquarium So Easy

南美短鯛

T字短鯛
Apistogrammodies pucallpaensis

黃金霸王短鯛
Apistogramma rositae

Koji Yamaza

琴嘉諾短鯛
Apistogramma sp. "Chingarno"

Koji Yamazaki

亞歷山大短鯛
Apistogramma sp. "Vielfleck"

HLI

珍寶短鯛
Apistogramma sp. "Miua"

Koji Yamazak

三線短鯛
Apistogramma trifasciata

CAC

紅帆短鯛
Apistogramma uaupesi

CAC

血艷維吉塔
Apistogramma viejita

HLI

綠寶石短鯛
Biotoecus opercularis

CA

皇冠棋盤鯛
Dicrossus maculatus "Santarem"

CA

塔巴荷斯雪花棋盤短鯛
Dicrossus warzeli "Tapajós"

CAC

龍紋短鯛
Ivanacara adoketa

CAC

玻利維亞鳳凰
Mikrogeophagus altispinosus

金球荷蘭鳳凰
Mikrogeophagus ramirezi var. "Golden ball"

荷蘭鳳凰
Mikrogeophagus ramirezi

CAC

荷蘭鳳凰
Mikrogeophagus ramirezi

蘇三佑

德國金荷蘭鳳凰
Mikrogeophagus ramirezi var. "Gold"

長鰭德國霓虹荷蘭鳳凰
Mikrogeophagus ramirezi var. "Super neon blue gold - long fin"

藍袖短鯛
Taeniacara candidi

Koji Yamazzki

金眼短鯛
Wallaceochromis signatus

HLI

西非蝴蝶鯛
Anomalochromis Thomasi

CA

莎賓妮短鯛
Congochromis sabinae

NT

史斑爛頓短鯛
Nanochromis splendens

NTC

凱薩短鯛（原*Nanochromis* sp. "Kasai"）
Nanochromis teugelsi pair

HLI

慕猶卡短鯛
Pelvicachromis kribensis "Muyuka" pair

羅貝紅短鯛
Pelvicachromis kribensis "Lobe Red"♂ Tank bred Form

HLI

斑迪烏莉短鯛
Pelvicachromis kribensis "Bandevouri"

CAC

紅肚鳳凰
Pelvicachromis pulche

眼斑菲米莉鳳凰
Pelvicachromis signatus

奈及利亞黃短鯛
Pelvicachromis taeniatus "Nigeria Yellow"

鼠魚
Corydoras

淺談鼠魚

　　鼠魚在嘴吻部有著觸鬚是輔助牠們找尋食物，所以才有鼠魚一詞的由來。本單元所討論的鼠魚是指（*Corydoras*、*Scleromystax*、*Aspidoras*），牠們是屬於底棲型的物種所以大多都在魚缸下層活動找尋食物。

　　很多人不了解鼠魚的天性，所以把牠們當成所謂清理殘餌甚至上層魚隻的糞便的工具魚，基本上這是錯誤的觀念。可惜的是目前為止有些網路上文章甚至水族館還在用這種觀念在教導消費者，導致很多入門者購入鼠魚後一段時間就餓死。事實上鼠魚是需要正常餵食並非依靠殘餌更不是糞便，也跟其他物種一樣也需要良好的環境。

Aspidoras 屬的基本簡介

1. 多是中小型品種

2. 水族館常見的多是 3cm 以下的品種，因為很容易搶不到飼料容易餓死不適合混養

Corydoras 屬的基本簡介

依照吻部類型又可粗分

1. 短吻：頭型圓且鈍；水族館最常見的，對一般飼料接受度最高

2. 尖吻：頭型尖嘴吻較長；對一般飼料接受度尚可

3. 長吻：頭型鈍但嘴吻向前伸長；喜好吃冷凍紅蟲，對一般飼料接受度最低

Scleromystax 屬的基本簡介

- 野生魚大部分都分布在巴西南部水溫較低的河流中，飼養上有一定難度推薦剛入門者購入

目前已被發現的鼠魚約有 400 種以上，因為鼠魚沒有攻
擊性所以適合與其他物種混養，全球也有專門飼養鼠魚的愛
好者。若有興趣深入研究可參考魚雜誌社 "鼠魚圖典" 一書。

鼠魚的飼養要點

- **溫度：**最適合在 22~28℃

- **pH 值：**弱酸到中性

- **過濾系統：**上部、圓筒、水妖精及外掛

- **魚缸環境：**建議飼主用水量一呎以上的魚缸飼養，盡量讓底部空間充足。

- **底沙：**河砂、鼠魚專用砂或美矽砂皆可（較細的砂子可觀察鼠魚覓食會有噴砂的動作）

- **飼料：**一般以沉底型飼料為主（短吻、尖吻）或冷凍紅蟲

- **適合混養的魚種：**只要水質與環境許可，皆可跟本書介紹的物種混養

- **備註：**除了本文介紹的物種外，水族館還有許多標示某某鼠例如個性略兇的青苔鼠（*Gyrinocheilus aymonier*）、倒吊鼠（*Synodontis nigriventris*）、三間鼠（*Chromobotia macracanthus*）等等⋯⋯其實這些跟鼠魚一點關係都沒有而且成長後體型會變得很大！單純就是因為外觀有所誤解而給予的俗名罷了，請剛入門的讀者務必要識別清楚。

高身米老鼠
Corydoras armatus

咖啡鼠
Corydoras aeneus

英哥鼠
Corydoras axelrodi

國王豹鼠
Corydoras caudimaculatus

紅帆鼠
Corydoras concolor

康蒂斯鼠
Corydoras condiscipulus

黑金紅頭鼠
Corydoras duplicareus

皇冠豹鼠
Corydoras delphax

青鼠
Corydoras eques

瓜波鼠
Corydoras guapore

金翅帝王鼠
Corydoras gossei

長吻紅頭鼠
Corydoras imitator

養魚很hen easy
Home Aquarium So Easy

黑豆豹鼠
Corydoras leucomelas

黃金鼠
Corydoras melanotaenia

公主鼠
Corydoras nijsseni

奧柏根鼠
Corydoras oiapoquensis

養魚很hen easy

Home Aquarium So Easy

仆卡鼠
Corydoras pulcher

熊貓鼠
Corydoras panda

花鼠
Corydoras paleatus

大花網鼠
Corydoras reticulatus

羅伯斯鼠
Corydoras robustus

長吻金翅帝王鼠
Corydoras seussi

蝙蝠俠鼠（舒瓦茲鼠）
Corydoras schwartzi

網鼠
Corydoras sodalis

滿天星鼠
Corydoras sterbai

超級帝王胭脂鼠
Corydoras sp. "solox white"

短吻印地安
Corydoras sp. "C20"

瓜瑪黑鰭鼠
Corydoras sp. "C24"

黑箭米老鼠
Corydoras sp. "C96"

皇冠紅頭鼠
Corydoras sp. "C121"

長吻皇冠紅頭鼠
Corydoras sp. "C140"

白棘豹鼠
Corydoras sp. "C141"

金線綠鼠
Corydoras sp. "CW10"

螢光綠鼠
Corydoras sp. "CW09"

星辰鼠
Corydoras sp. "ancestor" "CW04"

長吻雷諾鼠
Corydoras sp. "CW12"

超級雙色鼠（窄版）
Corydoras sp. "CW49"

超級雙色鼠（寬版）
Corydoras sp. "CW051"

露易莎鼠
Corydoras sp. "CW102"

一間鼠
Corydoras virginiae

衛茲曼尼鼠
Corydoras weitzmani

黑帶鼠
Corydoras zygatus

彩虹魚
Rainbowfish

淺談彩虹魚

　　彩虹魚（市場名俗稱的美人科及燕子魚）來自澳洲、巴布亞紐幾內亞（是被舉世公認仍有許多龐大未開發的地區）以及其周邊的一些離島。彩虹魚幾乎年年有新品種的發現，所以日漸受到愛好者青睞。彩虹魚是各大屬別的總稱，彩虹魚的屬目今大致有：*Cairnsichthys*、*Chilatherina*、*Glossolepis*、*Iriatherina*、*Kiunga*、*Melanotaenia*、*Pseudomugil*、*Rhadinocentrus*、*Scaturiginichthys*。

　　我們常常在網頁上或者書籍中看到彩虹魚超炫麗色彩的照片，但反而在魚店中並不常見到牠們的蹤影，即使是有見到些許品種但所看到的色彩卻與上述恰恰相反………這是因為彩虹魚的成長速度比起一般熱帶魚來說相對是要慢些的，在魚缸中往往要一兩年的時光才可見到牠們絢麗的色彩（此舉例是以購入幼、中魚尺寸），但這飼養的成就值得等待的。會被稱之為彩虹魚其實這是其來有自的。

　　彩虹魚並不喜好居住在裸缸中，稍微的水草造景、沉木裝飾是有必要的，因為牠們不喜歡無謂的騷擾，同時魚缸設置的位置最好在不是人來人往頻繁之處。除此之外彩虹魚屬群遊性的魚種，魚缸的尺度（尤其長度）需要特別的衡量過才加以飼養。

　　彩虹魚被發現在澳洲、巴布亞紐幾內亞所有天然的水域中，絕大多數的品種居住在河流、小溪中具有腐植酸水色的軟水中，好在這並不表示在魚缸中飼養牠們必須具備像天然水域一樣嚴苛的水質條件，彩虹魚對水質的適應條件較寬，這是因為在天然環境中常常會有一陣大雨就驟然改變水質條件的可能，根據養殖經驗，有許多的彩虹魚品種在魚缸中反而是在水質硬度、pH 較高的水質中表現更加。

　　幾乎所有的彩虹魚皆可一起混養在同缸內，另外的生性和平的魚種也可同時一起與彩虹魚搭仔飼養（但需

要注意混養魚種的尺寸，不要有尺寸懸殊的情況發生）。喜歡夜行活動的鯰魚屬是底床的棲息者，不會騷擾到彩虹魚也是適合的混養魚種。

彩虹魚的飼養要點

- **溫度**：彩虹魚屬變溫冷血動物品種，魚缸中最適宜彩虹魚的溫度是在 22~24℃，若想要進階的繁殖彩虹魚溫度拉高至 28~30℃是需要的。移缸需要對溫度敏感的彩虹魚特別留意，新缸的溫度相對於原缸的溫度不可遽變，尤其是幼體常常會之於 1~3℃差異導致體感的呼吸或者心臟麻痺而死亡。

- **pH 值**：6.0~7.5

- **過濾系統**：上部、圓筒

- **魚缸環境**：建議飼主用水量兩呎以上的魚缸飼養

- **底沙**：美矽砂等中性砂、珊瑚砂

- **飼料**：餵食方面可以市售營養均衡配方的薄片，顆粒口徑適合的顆粒飼料，冷凍豐年蝦足可應付。

- **適合混養的魚種**：只要水質與環境許可，皆可跟本書介紹的物種混養

- **備註**：彩虹魚原生地的水質看區域不是極軟就是極硬，來自極硬水質區域的魚種飼養在魚缸中在慢慢的調適下使用中度硬水、硬水皆可輕易飼養。

養魚很hen easy
Home Aquarium So Easy

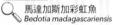 馬達加斯加彩虹魚
Bedotia madagascariensis

紅蘋果
Glossolepis incisus

燕子美人
Iriatherina werneri

HH

七彩霓虹
Marosatherina ladigesi

NTC

紅尾美人
Melanotaenia australis

石美人
Melanotaenia boesemani

弗雷德美人
Melanotaenia fredericki

Pisces

藍美人
Melanotaenia lacustris

Pisces

黃金美人（幼魚）
Melanotaenia herbertaxelrodi

黃金美人（成魚）
Melanotaenia herbertaxelrodi

瑪庫洛奇美人
Melanotaenia maccullochi "skull creek"

NTC

橙紅美人
Melanotaenia parva

Pisces

帕金森彩虹美人
Melanotaenia parkinsoni

電光美人
Melanotaenia praecox

塔布比爾六線美人
Melanotaenia sexlineata

NTC

三線美人
Melanotaenia trifasciata

NTC

藍背黃鰭燕子
Pseudomugil cyanodorsalis

巴斯卡橘火藍眼珍珠燕子
Pseudomugil cf. paskai

霓虹燕子
Pseudomugil furcatus

Pisces

珍珠燕子
Pseudomugil gertrudae

Pisces

迪克珍珠燕子
Pseudomungil gertrudae "Dekai"

血叉尾黃金燕子
Pseudomugil ivantsoffi

橘霓虹珍珠燕子
Pseudomugil luminatus　　NTC

半銀透明燕子
Pseudomugil paludicola "wild"　　NTC

新幾內亞彩虹燕子
Pseudomugil pellucidus "Timika" WILD

甜心燕子
Pseudomugil signifer

太平洋（甜心）燕子
Pseudomugil signifer "Gap Creek"

NTC

阿魯大帆珍珠燕子
Pseudomugil sp. cf. gertrudae "Aru IV"

NTC

藍鑽燕子
Pseudomugil tenellus

NT

邦迪彩虹仙子
Telmatherina bonti

NT

異型 Loricaridae

淺談異型魚

　　俗稱的異型魚類（Plecos）是屬於吸甲鯰科（*Loricariidae*）魚類，分布於中南美洲各流域中且品種繁多，目前已知有 600 多種所以原生地理環境的不同讓異型魚演化出各自的生活習慣與覓食方法。以前觀賞魚資訊尚未發達前，因為常會見到牠們吸附在魚缸壁上或物品上啃食，誤以為是清除糞便的腐食性動物，早期才會被稱為吸壁魚、清道夫或垃圾魚等名字。實際上異型魚食量算大，反而是大量排泄物的製造者。

特點：

1. 淡水魚，分佈在不同流域，體型也會有所差異

2. 繁殖為卵生，體外受精

3. 會有領域性

4. 因為外表特徵所以常見俗名有：鬍子、斑馬、迷宮、皇冠豹、熊貓、虎斑、老虎、琵琶鼠、女王、坦克、珍珠、騎士、滿天星、虯髯客、扁頭、達摩、直昇機…等

　　不同屬別的異型有著不同特性且對於水質之要求算高，所以飼養前請做好魚缸設置之功課，以免造成魚隻損傷。因為整個吸甲 科往下可以再分成三大主要亞科，分別是勾鯰亞科（*Ancistrinae*）、下口鯰亞科（*Hypostomunae*）、甲 亞科（*Loricarinae*），又分為總數達 40 多個屬別。所以本單元僅以適合中小型觀賞魚缸的異型作為介紹，讀者若有興趣深入研究可參考魚雜誌社 "異型星球 1" 與 "異型星球 2" 一書。

⇒ 異型魚的飼養要點

- **溫度**：適合在 22~30℃（不宜過低）

- **pH 值**：中性到弱鹼（各流域有所不同）

- **過濾系統**：圓筒．上部及底濾

- **飼養環境**：建議 2 尺缸以上飼養，喜歡躲藏最好能放置一些沉木

- **底沙**：異型魚大便量多，建議裸缸飼養

- **飼料**：雜食性，以沉水性飼料為主

- **繁殖**：異型魚的繁殖為公母同進一個甕裡，待母魚排完蛋後，由公魚接續孵蛋，孵他期約 6 天（視水溫而定），仔魚孵化後約 10 天為收卵期，將仔魚倒出至隔離盒飼養，待卵黃吸收完畢後可投以沉底飼料餵食，建議放置遮蔽物以供躲藏。

- **備註**：異型魚市場價格差異很大，價錢可從幾十元至萬元起跳都有，建議新手一開始從基礎入門開始飼養。若以啃食藻類為功能購入，也需注意是否有營養不足的現象。飼主可考慮在魚缸裡放入甕，增加牠們的安全感降低緊迫問題。

藍眼鬍子
Ancistrus sp.

雪花鬍子
Ancistrus sp.

金點虎紋達摩（L455） PAT
Chaetostoma sp.

熊貓異型（L46） Pisces
Hypancistrus zebra

國王迷宮異型（L66）
Hypancistrus sp.

Andre Werner

蛇紋熊貓異型（L173）
Hypancistrus sp.

Andre Werner

委內瑞拉熊貓異型（L199）
Hypancistrus sp.
唐承傑

皇后虎斑雪白型（L236）
Hypancistrus sp.
NTC

皇后虎斑（L236）
Hypancistrus sp.

NT

夢幻熊貓異型（L250）
Hypancistrus sp.

Andre Werne

皇后迷宮（L260）
Hypancistrus sp.

Andre Werner

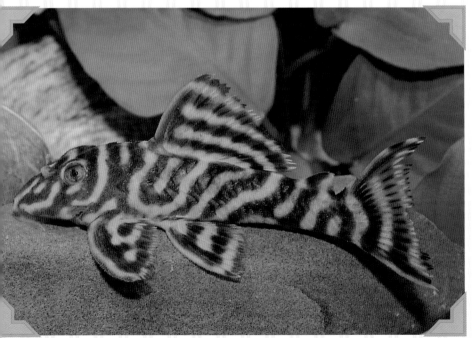

黑熊貓異型（L270）
Hypancistrus sp.

Andre Werner

帝王熊貓異型（L316）
Hypancistrus sp.

熊貓迷宮異型（L400）
Hypancistrus sp.

塔帕赫斯迷宮異型（L450）
Hypancistrus sp.

Andre Werner

老鼠斑異型（L264）
Leproacanthicus joselimai

Andre Werner

皇后小精靈
Nannoptopoma sp. "striped/Peru"

NTO

斑馬小精靈
Otocinclus cocama

NTO

熊貓小精靈
Otocinclus macrospilus

Pisces

皇冠達摩異型（L20）
Oligancistrus sp.

Andre Werner

藍鑽達摩異型（L30）
Oligancistrus sp.

Andre Werne

小精靈
Otocinclus vittatus

Pisce

陶瓷娃娃異型（L121）
Peckoltia braueri

唐承傑

紅尾小精靈
Parotocinclus manulicauda

Andre Werner

花貓異型（L72）
Peckoltia sp.

Andre Wern

小丑老虎異型（L80）
Peckoltia sp.

Andre Wern

雲斑老虎異型（L140）
Peckoltia sp.

Andre Werner

尼格羅花面金老虎異型（L169）
Panaqolus sp.

Andre Werner

圖騰老虎異型（L306）
Panaqolus sp.

紅老虎異型（L397）
Panaqolus sp.

豹紋金老虎異型
Peckoltia sp.

Andre Werner

黃金老虎異型（L134）
Peckoltia vermiculite

NTC

巴西蝴蝶異型（L168）
Zonancistrus brachyurus

Andre Werne

委內瑞拉蝴蝶異型（L52）
Zonancistrus sp.

Andre Werne

小型觀賞蝦Shirmp

淺談觀賞蝦

甲殼類也是觀賞市場上相當重要的部分，大致上販售觀賞種類為蝦類（長尾類）、蟹類（短尾類）、寄居蟹（異尾類），其中以蝦類較其餘兩種熱門許多，由於蝦類有著色彩繽紛的外觀來增添水族缸裡的色彩，部分的種類還可以達到清潔的效果，但蝦類的種類繁多，分布的水域及環境也相當廣，因此在各種蝦類的飼養屬性上要特別注意，也因如此飼養者有相當廣泛的喜好選擇。

在眾多蝦類中以匙指蝦科的米蝦屬（Caridina）及新米蝦屬（Neocaridina）的種類最受消費者或是新手的喜愛，這類蝦子由於個性溫馴、容易與其他物種混養、部分物種繁殖容易等特性，在飼養上的成就感有很大的提升，因此本書將以這類特種推薦講述給讀者。

飼養方式

本書以米蝦屬及新米蝦屬為主來推薦讀者，因此大多數都是鋪了底砂（美國矽砂、珊瑚砂、小石礫、黑土等等……），再伴隨著一個簡易的過濾器（外掛式過濾、水妖精）即可，但要注意蝦子的溶氧需求量較大，所以配合一些水草的種植增加水中溶氧量有非常大的幫助唷。每周換水 1~2 次，每周進行一次抽底的動作，每次換水約三分之一即可，這裡要注意加入的水須經過曝氣消除氯氣的水較安全。

大河米蝦

- **學名：** *Caridina japonica*
- **俗名：** 大河藻蝦。
- **繁殖類型：** 洄游型。
- **特徵：** 體側佈滿斷斷續續的縱紋，背部有著較細的黃色縱帶。
- **飼養環境：** 溫度 15~30℃，pH 5.0~8.5
- **簡介：**

  大河米蝦是相當熱門的台灣原生種，可說是觀賞蝦中最具代表性重要性的物種，不僅在台灣觀賞蝦市場上有著不可或缺的地位，同時在國際上的需求量也是相當的大，由於其個性溫和、對環境的適應力很好，且有強大的除藻能力，因此在無論是愛水藻造景缸還是水族的清潔效果上都有很大的幫助，也因除藻能力強的關係因此有了大河〝藻〞蝦的封號。但目前都是以野生採集來供應市場，所以對於自然生態的族群量也造成了一定程度的影響及破壞，對於這樣的問題，有些飼養者、學校單位及政府機構也開始研究如何進行人工繁殖來解決市場的供需以及減少環境的破壞，但由於繁殖方式是以兩側洄游的類型，因此對於新手或是沒有經驗者有著很高的門檻。

多齒新米蝦

- **學名**：*Neocaridina denticulata*
- **俗名**：黑殼蝦。
- **繁殖類型**：陸封型。
- **特徵**：原生種的黑殼蝦比較沒有那麼艷麗，但顏色極斑紋也是相當多變，體型 1~3 公分。
- **飼養環境**：溫度 20~30℃，pH 6.0~7.5
- **簡介**：

　　原生種黑殼蝦並沒有豔麗的外表，但是卻因為顏色多變，在台灣的業者精心培育改良之下出現了第一種的紅色系列的黑殼蝦，之後也漸漸的培育出不同色系的蝦子。而目前市面上常見的有：紅色種 – 玫瑰蝦、極火蝦，黃色種 – 黃金米蝦、金背黃金米蝦，橘色種 – 香吉士蝦，藍色種 – 藍絲絨蝦、夢幻藍絲絨蝦，白色種 – 雪球蝦，黑色種 – 巧克力蝦（偏咖啡色）、黑巧克力蝦、黑金剛蝦，雙色種 – 紅琉璃蝦、橘琉璃蝦、藍體黑琉璃蝦。

　　這類蝦子個性溫和，不太會攻擊其他生物，相當適合與其他生物混養（孔雀、滿魚、小型燈科等等），飼養時可以放養一些水草，例如：慕斯、藻球、小榕等等，雖然有啃食水草的習慣，但並不會對健康的水草啃食。

　　繁殖上這類蝦子相信也是最能帶給飼養者成就感的，由於他們是陸封型的物種，也就是說生活史中並不進入大海再洄游到淡水，因此他們在繁衍時，蝦苗就是直接在淡水裡孵化長大，是一種相當容易讓飼養者上手來親手體驗繁殖的物種。另外，先前這類物種可以配合一些水草來飼養，其實更大的作用是，如果有混養魚類，那將會是蝦苗最佳的藏身之處，可以大大的增加活存率喔！

紅白水晶蝦

- **學名**：*Caridina logemaxnni*
- **繁殖類型**：陸封型。
- **特徵**：體型嬌小、體色由紅白組成且顏色相當飽滿，經常見有不同的花色
- **飼養環境**：溫度 24~28℃，pH 6~7
- **簡介**：

　　水晶蝦是由一種中國的蜜蜂蝦（*Caridina logemaxnni*）改良而成，原先始祖是由日本的一位鈴木久康先生在 1996 年培育而成，之後也漸漸的瘋迷全球，因此觀賞蝦他們可以說是家喻戶曉的物種了，而多年的研究後也出現了好幾種不同花色的品系，例如：虎牙型、V 型、禁止進入型、日之丸型、白軀型等等。水晶蝦與前面所說的蝦子飼養方法較為不同，稍稍增加了一點難度，對水質的要求也比較敏感，首先是水溫，水晶蝦較不耐熱，因此沒辦法像前面所介紹的物種可以保證生活在 30℃，如果長期生活在如此高溫的狀態，則有很高的死亡風險，最佳的水溫大約為 24~26℃之間，而 PH 則是適合飼養在弱酸的環境，最好保持在 6.2~6.8 之間，過酸或過鹼的環境都容易造成蝦體受傷而死亡，另外在飼養的時候若是發現體色開始有消退的現象時，說明水質開始有惡化的現象，造成他們不舒服此時進行換水約三分之一即可改善，但要注意的是，由於水晶蝦對於水的變化較為敏感，因此加進去的水必須是養過、曝氣過的，如果可以的話盡量將水調至適當的水質。

　　若有興趣深入研究可參考魚雜誌社"水晶蝦這樣玩：歐洲頂尖繁殖者 Breeders'n'Keepers"一書。

大和米蝦（俗稱大和藻蝦）
Caridina japonica

黑殼蝦
Neocaridina davidi

血腥瑪麗
Neocaridina davidi var. "red"

極火蝦
Neocaridina davidi

紅白琉璃
Neocaridina davidi var. "rili"

黃琉璃
Neocaridina davidi var. "rili"

金背米蝦
Neocaridina davidi var. "yellow"

香吉士
Neocaridina davidi var. "sunkist"

橘琉璃
Neocaridina davidi var. "rili"

黑白琉璃
Neocaridina davidi var. "rili"

巧克力米蝦
Neocaridina davidi var. "cholate"

雪球
Neocaridina davidi var. "white"

藍絲絨
Neocaridina davidi var. "blue"

夢幻藍絲絨
Neocaridina davidi var. "super blue"

繁星點點
Caridina sp. "Starry Night"

黃斑蝦
Caridina spinata "Blossom Red"

Chris Lukhaup

Chris Lukhaup

蘇拉威西彩虹蝦
Caridina spongicola "Towoti Beauty"

Chris Lukhaup

藍點白襪蝦
Caridina sp. "Matano Blue Dot"

瑪塔諾血紅紋蝦
Caridina sp. "Matano red line"

瑪塔諾紅蘭花蝦
Caridina sp. "Matano Orchid Red"

紅白水晶蝦
Caridina japonica

紅金剛熊貓
Caridina logemanni

紅白水晶白軀
Caridina logemanni

紅白水晶禁止
Caridina logemanni

紅金剛全紅型
Caridina logemanni

紅色Pinto斑馬型
Caridina logemanni x *Caridina mariae*

紅金剛丸子
Caridina logemanni

紅虎紋
Caridina mariae

黑虎晶
Caridina logemanni x Caridina mariae

黑虎晶
Caridina logemanni x Caridina mariae

黑白丸子
Caridina logemanni

熊貓蝦
Caridina sp. "panda"

金剛全黑型
Caridina logemanni

黑金剛索型
Caridina logemanni

養魚很hen easy
Home Aquarium So Easy

🔍 黑金剛熊貓
　 Caridina logemanni

🔍 黑金剛禁止
　 Caridina logemanni

黑金剛藍體白軀
Caridina logemanni

銀河斑馬
Caridina logemanni x *Caridina mariae*

金眼藍虎紋
Caridina mariae

藍鋼頭
Caridina logemanni

紫金剛全紫型
Caridina logemanni x *Caridina mariae*

藍金剛
Caridina logemanni

白水晶
Caridina logemanni x *Caridina mariae*

紫紋袖珍蝦（俗稱紫晶蝦）
Potamalpheops sp.

Other 其它

其他常見於水族館的物種

　　觀賞魚物種十分繁多本書無法一一詳述，故節錄一些水族館常見的品種且適合與上述單元介紹過的品種一起混養的為主，避免導致相互攻擊讓魚隻受傷甚至死亡。

金橘燒酒螺
Tylomelania sp. "Golden Rabbit"

Chris Lukhau

彩角蛋螺 / 蜂蜜角螺
Clithon sp.

Pisces

蘋果螺
Biomphalaria glabrata

Pisces

養魚很hen easy
Home Aquarium So Easy

 斑馬螺
Neritina parallela

NT

笠螺
Septarria septaria porcellana

NT

漂亮寶貝
Nothobranchius rachovii

Koji Yamazaki

斑節鱂
Epiplatys annulatus

Pisces

火焰變色龍
Dario dario

NT

露柏星點變色龍
Badis ruber "Thailand"

日本稻田魚 - 楊貴妃美達卡（人工改良種）　　　　　　　　　　　　PAT
Oryzias latipes var.

七彩霓虹稻田魚　　　　　　　　　　　　　　　　　　　　　　　NTC
Oryzias woworae

玻璃貓
Kryptopterus bicirrhis

NT

龍鬚玻璃貓
Ompok eugeneiatus

NT

黑邊虎紋提琴鼠（方氏擬腹吸鰍）
Pseudogastromyzon fangi

NTC
感謝 莊維誠先生協助

金線葫蘆琵琶
Sewellia lineolata "Gold Ring Butterfly Sucker"

NTC

黃瓜鰕虎
Sicyopus zosterophorum

張大廈

周氏吻鰕虎
Rhinogobius zhoui

NTC

周氏吻鰕虎II型
Rhinogobius sp.

PAT

小蜜蜂鰕虎
Brachygobius doriae

張大慶

帝國火紅塘鱧
Hypseleotris compressa

NT

黃金塘鱧
Mugilogobius rexi

NT

紅腰鰕虎
Sicyopus exallisquamulus

PAT

白騎士鰕虎、珍珠雷達鰕虎
Stigmatogobius sadanundio

PAT

不建議混養的品種

　　架構本書時設定是以新手開始養魚為出發點，且缸子大約都是在兩尺缸以內為主。其實還有一些水族館常見的品種都有其特色，剛開始養魚的朋友還無法了解其特性，購入後跟這些小型魚蝦混養後很容易出現問題。被攻擊的魚種輕者魚鰭破損、嚴重者導致魚隻傷口導致死亡甚至直接遭到吞食。所以體型差異太大或是具有攻擊性的品種混養並不建議，真有興趣最好單獨飼養該品種或者購買前先詢問優質的水族館建議。

　　尤其是被定義成有特定功能的品種更要注意，那些是以野生環境下去定義的，當飼養環境可以提供充分的食物時，不僅不會去完成工作反而會搶食飼料且成長速度快，飼主將會面臨無法處理的困擾。

　　以上都是新手開始飼養時容易碰到的問題，希望透過經驗傳承讓各位能減少很多不必要的挫折經驗而輕鬆地把魚養好。

超級紅龍
Scleropages formosus

黃金過背金龍
Scleropages formosus

NTC

黃金眼鏡蛇雷龍
Channa aurantimaculata

NTC

養魚很hen
easy
Home Aquarium So Easy

埃及神仙
Pterophyllum altum

H

鑽石紅頭神仙
Pterophyllum scalare var.

NT

人工長鰭馬納卡普魯
Pterophyllum scalare var.

NTC

紅魔鬼神仙
Pterophyllum scalare "Red devil"

HLI

火鳳凰
Aulonocara sp. "Dragon's Blood"

NTC

剛果紅寶石
Hemichromis stellifer

NTC

帕馬斯恐龍　　　　　　　　　　　　　　　　張育嘉
Polypterus palmas palmas

血紅菠蘿　　　　　　　　　　　　　　　　NTC
Heros severus "Blood Red"

銀河星鑽
Nandopsis octofasciatus var. "Blue Dempsey"

NTC

倒吊鼠
Syondontis eupterus

Pisces

橘紅天堂鳥
Neolamprologus leleupi "Red"

NTC

雙星蝴蝶
Tropheus sp.

NTC

非洲王子
Labidochromis caeruleus
NTC

白子銀版
Metynnis maculatus "Albino"
NTC

NTC

🔍 Y紋鼠
Botia lohachata

蘇三佑

🔍 高射砲
Taxotes jaculator

馬克吐司
Exodon paradoxus

紅金剛
Cherax cf. penkyi

常見魚類疾病

　　魚類疾病通常分成：細菌、病毒、體外寄生蟲與體內寄生蟲四種，下列針對新手常見的疾病加以解說並給與正確的觀念，輕鬆享受養魚的樂趣而非一天到晚與疾病對抗。

細菌與病毒類

症狀：腹水、立鱗或腹部明顯發紅等

　　腹水是指魚隻本身體內負責體液調節的組織器官（腎臟）作用失常，因此而堆積大量的組織液在體腔之中；立鱗是指魚隻身體腫脹導致魚鱗豎起，大部分都是因為細菌感染造成（少部分是因為腸阻塞）。

病發原因不外乎

1. 水質惡化或水溫升高導致細菌大量孳生引發感染
2. 新魚帶入病菌

正確的治療方法：

1. 這些病狀是由細菌或病毒所引起，換水並減少餵食先把水質惡化的狀況降低再開始治療。
2. 請選購市售藥物治療並搭配第一點，針對初期病發的魚隻進行治療並可降低其他魚隻的發病機率，但有嚴重症狀的個體要救治是件困難的事情。

　　此外對於新進魚隻請進行檢疫的動作，避免將病菌帶入主缸。並維持良好的水質避免餵食過多過濾系統無法負荷導致水質敗壞。

罹患腹水症（Dropsy）的金鯽，腹物明顯腫脹並有出血斑和明顯的立鱗症狀

罹患細菌性腹水症的豹貓，其腹部腫脹且鰭基部充血

遭細菌感染而導致腹部及嘴巴出現紅斑的異型

症狀：爛嘴、爛鰓、爛鰭、爛尾病

- **爛嘴病**：又稱棉口病，症狀是吻部長著一種棉花樣的菌絲，魚口周圍變白的疾病。
- **爛鰓病**：細菌性爛鰓病造成鰓絲腐爛
- **爛鰭、爛尾病**：細菌感染導致魚鰭邊緣開始潰爛

病發原因不外乎水質惡化或水溫升高導致細菌大量孳生引發感染，因為這些問題多是細菌性造成，所以治療方法可參考腹水、立鱗病。

因黃桿菌感染（Flavobacterium）或柱狀症（Columnaris Disease）而多處受損的紅印

類似棉花的點狀物／節，因運送及細菌感染而受傷的紅白草金，其受傷尾部上出現水黴

黑獅頭金魚頭部變白是被水黴菌和細菌同時感染所造成的

症狀：柱狀病

剛病發時會發魚鰭末端變白粘液分泌增多，再來就是魚鰭薄膜消失剩下棘條再來身體發白就死亡。這是一種傳染性相當強的疾病要非常注意。有的魚種從病發到死亡可能僅兩到三天，若不積極治療很可能短時間內整缸魚全滅。碰到這種細菌類的疾病所有器具不可共用，降低任何傳染到別缸的機會。

正確的治療方法：目前僅有抗生素類可以治療，請與水族館詢問可使用的藥物。治療時也要有心理準備即使下藥僅能救回初發病或尚未發病的魚隻，發病中末期的基本上就不回來。

罹患柱狀病的紅劍身體出現典型的白斑和爛鰭等症狀

爛尾和脊椎白斑（組織壞死）是因罹患柱狀病

罹患柱狀病的異型體表出現白斑

體外寄生蟲

症狀：白點病

　　最常聽到魚得白點感冒了～新手碰到白點病就會手忙腳亂然後開始上網找治療方法，資訊五花八門不外乎加溫加鹽下藥甚至還有中藥偏方等等，本書在此先要釐清一個觀念，我們在魚身上看到的白點是一種稱為 Ichthyophthirius multifiliis 的原蟲（簡稱白點蟲）寄生在魚體上吸取養分，飼主要先了解牠的習性才能對症下藥，要知道白點蟲在這階段目前並沒有辦法用藥物消滅牠 !!

1. 為何會出現白點蟲：

　　若飼主的缸子超過兩個月以上沒出現過白點蟲，幾乎可斷定是最近從水族館購入的活體、水草甚至泡在水裡的沉木都有可能帶入。基本上若是沒有感染源水質髒或溫度震盪也不會出現白點蟲。

罹患嚴重白點病的鵝頭珠鱗。一般來說成魚可以抵抗數量較多的寄生蟲感染

2. 為何要加溫：

　　加溫是為了讓白點蟲加速生長，當成蟲進行繁殖時會脫離宿主，此時我們投放的藥物才有辦法消滅白點蟲。

3. 為何要加鹽：

　　加鹽其實是協助魚調整體內滲透壓，依照魚可以忍受的程度下鹽坦白說不足以對抗白點蟲。

三間鼠明顯的受白點病感染

正確的治療方法：

1. 加溫至 28 度並加強打氣，加溫是為了讓白點蟲加速生長脫離宿主，但因為水溫上升會減少含氧量對生病的魚造成更大的壓力，尤其白點蟲也會攻擊魚的鰓部情況若含氧量不足會給生病的魚雙重打擊。

因為緊迫情況而感染白點的非洲玻璃貓

2. 在魚類疾病中白點病可算是研究很詳細的，選購市售白點病的治療藥劑並依照對的方式耐心治療是很好治療的一種疾病，聽信網路偏方只會讓飼主事倍功半而也請飼主要尊重生命。

3. 建議在原缸直接治療，首先可確定的是發病的魚缸水中肯定有白點蟲孢子，只是目前還沒在宿主身上吸取營養。切記不可因為魚身上的白點消失就認為療程結束，若如此輕忽將會不斷的上演白點病不斷的復發導致魚隻死亡。

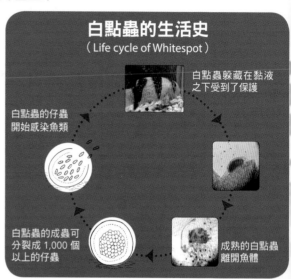

白點蟲的生活史
（Life cycle of Whitespot）

白點蟲躲藏在黏液之下受到了保護

白點蟲的仔蟲開始感染魚類

白點蟲的成蟲可分裂成 1,000 個以上的仔蟲

成熟的白點蟲離開魚體

症狀：三代蟲

會寄生在魚體與鰓部，除了黏膜增加外魚隻會有磨蹭的動作。寄生在鰓部會造成呼吸急促且食慾不振。

正確的治療方法：

市售藥物已能對三代蟲進行有效的治療，但缸中還可能有三代蟲尚未除盡，飼主觀察到狀況減輕就隨意停止投藥，導致很多人會輕忽導致病狀無法斷根。

被三代蟲（Gyrodactylus）感染的孔雀魚，無精打采的躺在魚缸底部

症狀：箭蟲、魚蝨、吸蟲

這些都是屬於大型寄生蟲類肉眼很容易可發現，這類的寄生蟲吸取宿主的血液等當作營養，較容易發現在進口的野生魚身上。

正確的治療方法：

使用正確的藥物治療可消滅這類的寄生蟲讓牠脫離宿主，建議搭配細菌性藥物避免傷口感染。

紅蓮燈被南美洲魚蝨（Livoneca）寄生

體內寄生蟲

症狀：頭洞病、魚隻拖白便或者食慾不振

　　基本上是旋核六鞭毛蟲症（Spironucleosis）一種原蟲造成，大多是因為水質不好或者生餌不潔等引發魚隻體內的六鞭毛蟲大量孳生所引起。

正確的治療方法：

　　　　有專用的藥物可選擇循序治療並維持良好水質，但要了解一件事情，藥物僅能將六鞭毛蟲趕出體外並非直接殺死牠，所以下藥時請勤快換水與更換白棉盡量代謝掉。此外若是頭洞症狀發生還需搭配細菌性藥物合併治療。

因細菌性（魚類結核病）及旋核六鞭毛蟲（Spironucleus）感染而出現頭洞症（Hole-in-the-Head）的短鯛

症狀：駝型線蟲

　　魚隻靜止時在肛門處會發現一段紅色的蟲體，魚受驚嚇時蟲體會縮回。食慾降低且糞便多黏膜產生拖便的現象。這種也是傳染力很強的寄生蟲，請務必整缸治療。

正確的治療方法：

　　請選擇適合藥物可將駝型線蟲趕出魚體並且勤快換水。

駝形線蟲（Camallanus）感染的孔雀，肛門有一條紅色的蟲

　　有許多疾病都跟水質好壞有關連，將水質顧好是飼主的基本功千萬別輕忽。其實魚類疾病還有非常多種，如想要知道更多資訊可參考參考魚雜誌社"魚蝦疾病根療手冊"一書。

魚蝦疾病根療手冊
The Practical Guide to Fish Diseases

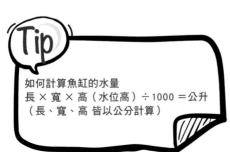

Tip

如何計算魚缸的水量
長 × 寬 × 高（水位高）÷1000 ＝公升
（長、寬、高 皆以公分計算）

英文學名索引

中文俗名索引

龙巅鱼邻

——观赏鱼交流APP，

赶快来下载，与鱼友一起交流吧!

 鱼圈

汇聚龙虎魟鱼等18类观赏鱼，随时随地交流养鱼技巧，发现身边的养鱼达人。

 百科

集聚业内权威玩家及水族参考文献，为鱼友提供全面、详细、丰富的养鱼基础知识。

 商城

水族商家云集，周周折扣、拼团、秒杀等花样活动带你嗨翻全场，乐享购物狂欢。

 直播

零距离大咖互动，更有连麦、打赏、拍卖、直播店铺等功能助阵，为鱼友提供多样化的直播体验。

头条

第一时间捕捉水族相关的新闻时讯，
赛事活动，奇闻趣事等；

品牌圈

活动专区独家栏目助阵，门店矩阵宣销系统
辅助，粉丝强交互，塑造品牌，打造经典！

附近

支持一键拨打、地址导航，更有鱼
邻品牌商认证推荐，助力鱼友发现
周边品牌水族商。

二手

鱼友/鱼商可将自己要交易的信息发至二
手-鱼友交易版块，在线交易安全放心；

更有周周活动不间断，精彩福利享不停哦~

第 23 届中国国际宠物水族展览会

CIPS'19

2019年11月20-23日
上海·国家会展中心

中国宠物行业领航者

1,500	**130,000**	**65,000**	**100**
家展商	平方米	名专业观众	个国家

长城国际展览有限责任公司

联系人：刘丁 张陈 任玲 孟真

联系电话：010-88102253/2240/2345/2245

邮箱：liuding@chgie.com,zhangchen@chgie.com
renling@chgie.com,mengzhen@chgie.com

同期活动：长博创新奖 "长博杯"世界观赏鱼锦标赛 全球宠物（亚洲）论坛 长城世界宠物美容大会 研讨会 新品发布会 新品展示区 中国宠物业职业经理

www.up-aqua.com

行銷世界・知名品牌

愛魚認可的好味道